AF559320

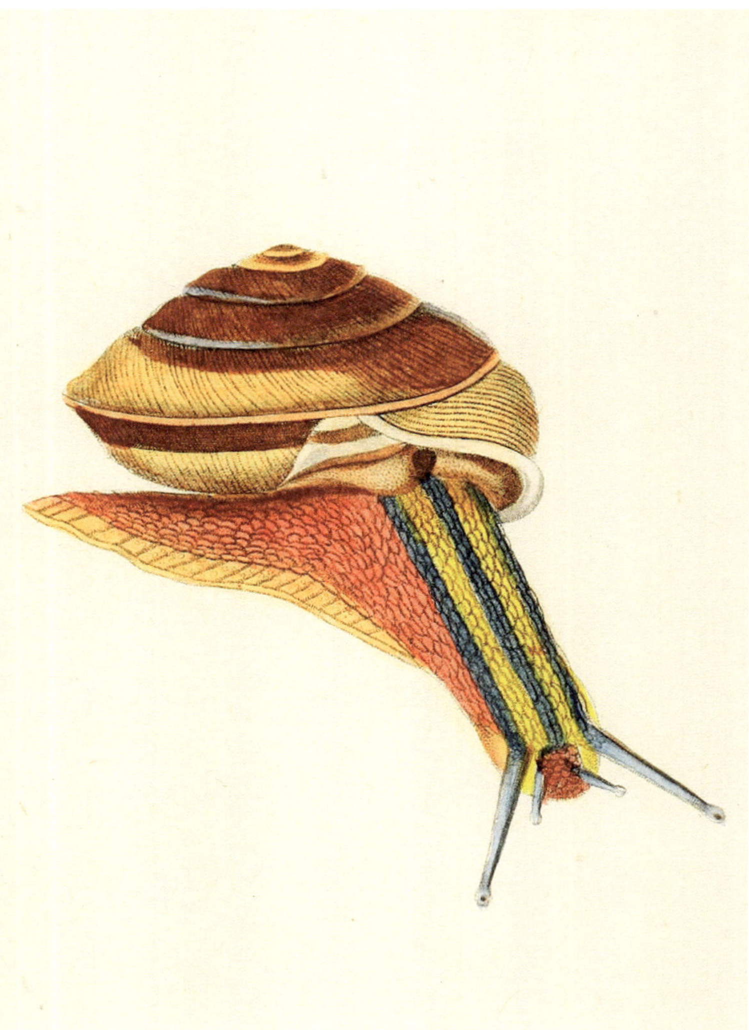

Schnecken

Ein Portrait
von
Florian Werner

NATURKUNDEN

für Samuel

NATURKUNDEN № 20

herausgegeben von Judith Schalansky
bei Matthes & Seitz Berlin

Inhalt

Portraits

Anlauf
Der Schneck

In einer stillen Ecke der Allgäuer Alpen, am östlichen Ende des Oytals, sitzt der Schneck. Andere Berge mögen über dem Tal thronen, etwa die unmittelbar südwestlich gelegene, von einem Diadem aus Gipfelzacken gekrönte Höfats oder, etwas weiter nördlich, der an den König der Lüfte gemahnende Hochvogel. Der Schneck *sitzt.* Wie ein riesiges Schalenweichtier scheint er sich an dem unter ihm liegenden Gebirgsmassiv festzusaugen, ein gewölbter, mit grün schillerndem Gras bewachsener Rücken. Vielleicht ist dies der Grund, weshalb der Schneck, schon solange ich denken kann, mein Lieblingsberg ist: weil er eine solch unaufgeregte Größe und Gelassenheit ausstrahlt. Weil er inmitten der streberhaft ihre Schrofen in die Höhe reckenden Gipfel einfach nur dasitzt und wartet. Und weil er in Form, Haltung und Name an mein Lieblingstier erinnert: die Schnecke.

Natürlich handelt es sich bei der Schnecke nicht um *ein* Tier, sondern um eine ganze taxonomische Klasse. Insgesamt gibt es auf der Erde über 100 000 verschiedene Schneckenarten, sie sind mit Ausnahme der Polarregionen auf allen Kontinenten zu Hause. Etwa drei Viertel von ihnen leben im Wasser, die kleinsten sind einen halben Millimeter groß, die größten beinahe einen Meter. Sie existieren schon deutlich länger als die Faltengebirge dieser Erde, nämlich seit einer halben Milliarde Jahren, und haben mit bewundernswerter Beharrlichkeit alle

Wir sind viele. Die Abbildung aus Richard Lydekkers Royal Natural History *von 1893 gibt einen Eindruck vom Farb- und Formenreichtum der Landmollusken.*

Massenaussterbeereignisse überlebt. Und wie die Berge haben die Schnecken, oder zumindest die meisten Angehörigen dieser Klasse, eine erdige, ja geradezu mineralische Qualität: Ihr Gehäuse besteht, wie viele Sedimentgesteine unseres Planeten und nicht zuletzt die Nördlichen Kalkalpen, aus Kalziumkarbonat. Tatsächlich könnte man ein Schneckenhaus, wenn man es von Ferne sieht, zunächst für einen Stein halten. Und auch wenn man es näher betrachtet, ist manchmal schwer zu bestimmen, ob das spiralförmige Gebilde, das man da in den Händen hält, noch belebt ist oder nicht. Schnecken scheinen zum Erdreich zu gehören, zu dem Boden, in den sie ihre Eier legen und in dem sie sich allwinterlich verkriechen.

Kein Wunder, dass schon Aristoteles die Meinung vertrat, Schnecken würden sich nicht etwa geschlechtlich vermehren, sondern in einem Akt der Urzeugung aus »Schlamm und verwesendem Material« entstehen. Und einem Welterschaffungsmythos von der mikronesischen Insel Nauru zufolge bestand die Erde ursprünglich aus einer Riesenmuschel, die im Meer schwamm und von zwei Schnecken bewohnt wurde. Die erste, kleinere wurde von der göttlichen Urspinne Aerop-Enap an das westliche Ende der Muschelschale geschickt und in den Mond verwandelt. Die größere Schnecke wurde nach Osten gesandt und zur Sonne gemacht. Die Erde, ja der ganze Kosmos besteht demnach aus den Schalen dreier Mollusken.

Für die meisten Bewohner der modernen westlichen Welt dürften Schnecken nicht annähernd so positiv konnotiert sein – ich weiß das aus bitterer Erfahrung: Meine Frau kann meine überbordende Begeisterung für diese Tiere keineswegs nachvollziehen. In unserer Tochter habe ich zwar eine verlässliche molluskophile Verbündete; sie ist aber noch klein und hat auch ein Faible für Matsch, Kacka und Popel. Erwachsene empfinden die Angehörigen der Klasse Gastropoda mehrheitlich als ekelhaft, schädlich: als Ungeziefer, das man bedenkenlos zertreten, vergiften oder zur Abschreckung ihrer Artgenossen mit der Gartenschere durchschneiden kann.

Schon das Alte Testament verdammte die Schnecke, da sie »auf dem Bauch kriecht«, als unreines, nicht zum Verzehr geeignetes Tier (3 Mose 11,42). Im Judentum gelten Mollusken daher bis heute als nicht koscher. Im christlichen Mittelalter konnten Schnecken gleich für zwei verschiedene Todsünden stehen: einerseits (aufgrund ihrer Fortpflanzungsfreudigkeit) für die Wollust, andererseits (aus naheliegenden Gründen) für die Sünde der Trägheit. Im Barock durften Schnecken als Symbol der Verwesung auf kaum einem Vanitas-Gemälde fehlen; man betrachte etwa das *Vanitas-Stillleben mit Musikinstrumenten* von Cornelis de Heem, auf dem neben Bergen von Obst und Gemüse schon eine kleine Gehäuseschnecke bereitsitzt, um die vergänglichen Spezereien zu verzehren. Bis heute gelten Ausdrücke wie Kriecher und Schleimer, die das Wesen und den Fortbewegungsmodus der Bauchfüßer ja durchaus adäquat beschreiben, wenn sie auf den Menschen angewandt werden, als wenig schmeichelhaft.

Aber: Allem Ekel, den sie erregen können, zum Trotz werden Schnecken von Köchen aufwendig zubereitet und von Feinschmeckern freudig verspeist. Ungeachtet all ihrer suspekten Fortpflanzungsfreudigkeit können sie in der christlichen Tradition nicht nur für die Sünde der Lüsternheit stehen, sondern

Der Tod kommt leise und unaufhaltsam. Schnecke als Vergänglichkeitssymbol auf einem Stillleben von Cornelis de Heem (nach 1661).

auch und ganz im Gegenteil für die unbefleckte Empfängnis. All ihrer sprichwörtlichen Langsamkeit zum Trotz werden mit ihnen Wettrennen veranstaltet, bei denen das schnellste Tier zum Sieger gekürt wird. Und obwohl der Aufbau ihres Hauses meist einem ähnlichen Grundplan folgt, hat kein anderes Tier die moderne Architektur stärker beeinflusst als die Schnecke. Es steckt mehr hinter ihrer kalkhaltigen Schale, als unsere Biologieunterrichtsweisheit sich träumen lässt. Nähern wir uns dem Wesen, das dahinter verborgen ist. Lösen wir behutsam den Deckel vom Eingang, und folgen wir den verschlungenen Windungen. Ganz langsam, versteht sich. Wir wollen die Schnecke ja nicht erschrecken.

Erste Runde
Langsamkeit

Was sagt eine Schnecke, die auf dem Rücken einer Schildkröte sitzt?
Hui!

Das ist nicht nur einer der besten Schneckenwitze, den ich kenne, sondern auch derjenige, der am zügigsten zur Pointe kommt. Dies entbehrt natürlich nicht eines paradoxen Charmes, schließlich ist die Schnecke nicht gerade für ihr ausgeprägtes Tempo oder Timing bekannt. Sie ist das Wappentier der Langsamkeit.

Schon in der antiken Säftelehre galt ein Übermaß an Schleim im Körper – jene für Schnecken überlebensnotwendige und von ihnen so reichlich produzierte Substanz – als Ursache des phlegmatischen Temperaments. Der mittelalterliche Dichter Freidank spottete, wer einen schnellen Boten nötig habe, der solle sich nicht an die Schnecke halten: »Swem gaehes boten nôt geschiht, / Der endarf des snecken niht.« Und in der christlichen Ikonografie der frühen Neuzeit traten Bauchfüßer immer wieder als Symbol für die Todsünde der *acedia* auf; auf dem Gemälde *Allegorie der Trägheit* von Pieter Bruegel d. Ä. etwa kriechen drei dicke Schnecken um eine auf einem Esel schlafende alte Frau.

Noch in unserer säkularisierten Zeit gilt die Schnecke als Inbegriff der Langsamkeit, Tranigkeit, Blödheit: Wenn wir im

Allegorie der Trägheit *von Pieter Bruegel dem Älteren (1557).*

Stau oder in der Schlange einer Supermarktkasse stehen, klagen wir, dass es ›nur im Schneckentempo‹ vorwärtsgehe. Warten wir ungeduldig auf einen Brief, den der Absender auf dem altmodischen Postweg geschickt hat, so mokieren wir uns über die *snail mail*. Und gelegentlich erzählen wir uns eben Witze, wie den oben genannten von der Schnecke und der Schildkröte. Oder den über den Deutschen und den Österreicher, die Schneckensammeln gehen und …

Zugegeben: Der Ruf der Schnecken, nicht zu den Schnellsten zu gehören, kommt nicht von ungefähr. Sie verdanken ihn ihrer charakteristischen und in der Tierwelt einmaligen Fortbewegungsweise, dem Kriechen auf einem Schleimteppich, den sie mithilfe einer in ihrem Fuß gelegenen Drüse produzieren und dann mit der Vorderkante ihrer Sohle unter sich ausbreiten wie ein Fliesenleger die Fugenausgleichsmasse. So eng werden die Schnecken mit dieser klebrigen Substanz assoziiert, dass die Begriffe ursprünglich synonym waren: Das althochdeutsche Wort *snegil* bezeichnete nicht nur das Tier, sondern auch den von ihm abgesonderten Schleim. Die feucht-klebrige Schicht erlaubt es der Schnecke, auch auf sandigem, hartem oder scharfkantigem Untergrund voranzukommen, ohne dabei ihren empfindlichen Fuß zu verletzen. Sogar Messerschneiden können Schnecken bekanntlich unbeschadet überkriechen.

> *»I watched a snail crawl along the edge of a straight razor. That's my dream. That's my nightmare. Crawling, slithering along the edge of a straight razor – and surviving.«*
>
> COLONEL KURTZ in *Apocalypse Now*

Erstaunlicherweise können Schnecken für verschiedene Anlässe je unterschiedlichen Schleim produzieren: Das Sekret zur Fortbewegung ist nicht dasselbe wie jenes zur Heilung von Wunden, das zum Schutz des Geleges oder jenes, das beim Liebesspiel zum Einsatz kommt. Und mit den Anforderungen steigen auch die Haftkräfte: Einmal durfte ich eine Hain-Bänderschnecke beobachten, die versuchte, die glatte Metalloberfläche einer Trompete zu erklimmen (wie sie dorthin gekommen war, ist eine andere Geschichte und gehört nicht hierher). Nachdem sie einige Male abgerutscht war, quoll plötzlich aus ihrem Kriechfuß eine Unzahl kleiner Bläschen: Die Schnecke schien

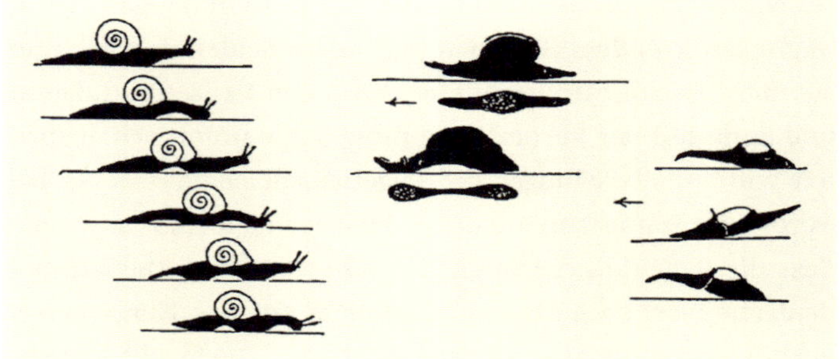

Vorsprung durch Technik. Schematische Darstellung des Schneckengalopps aus Wilbur und Yonges Physiology of Mollusca *(1964).*

es der Trompete, der Welt, mir zeigen zu wollen. Und siehe: Der neue, blasenhaltige Schleim war tatsächlich klebriger, und die Bänderschnecke kroch ohne Probleme bis zum Mundstück.

Die meisten Landschnecken bewegen sich vorwärts, indem sie die längslaufenden Muskeln auf der Sohle ihres Fußes wellenförmig kontrahieren und wieder entspannen: Von unten betrachtet (etwa wenn man die Schnecke über eine Glasscheibe kriechen lässt), sieht man ein Muster kleiner dunkler Bänder, die unablässig vom hinteren Ende der Sohle bis zum Kopf wandern. Manche Arten kontrahieren ihre Muskeln in umgekehrter Richtung, kriechen aber interessanterweise trotzdem vorwärts. Wieder andere bewegen sich, indem sie die linke und die rechte Hälfte ihres Fußes wechselseitig anheben und nach vorn setzen; eine Fortbewegungsart, die in den Worten der Malakologen John Edward Morton und Charles Maurice Yonge so aussieht, als würden »zwei menschliche Füße in einem Sack entlangschlurfen«. Manche Schneckenarten können

»galoppieren« (wieder Mortons und Yonges Formulierung) oder sogar »springen«: Die unterseeisch lebende Flügelschnecke etwa bohrt, wenn sie es eilig hat, ihren Hinterfuß in den Meeresgrund und katapultiert sich dann mit einer abrupten Bewegung vorwärts, wobei sie mit jedem Sprung bis zur Hälfte ihrer Körperlänge an Entfernung zurücklegen kann.

Damit ist sie nach Molluskenmaßstäben zwar relativ schnell – im Vergleich zu Fischen, Einsiedlerkrebsen oder anderen Tieren aber immer noch vergleichsweise lahm. Wenn Schnecken zügig weite Strecken zurücklegen wollen, sind sie auf die Hilfe eines Transportmittels angewiesen: Manche halten sich zur Verbreitung an Quallen fest, andere (wie in dem Kinderbuch *Die Schnecke und der Buckelwal* von Julia Donaldson und Axel Scheffler) an der Schwanzflosse eines Meeressäugers. Manche werden im Gefieder von Zugvögeln mitgenommen. Kleine Schneckenarten werden womöglich sogar vom Wind in die Atmosphäre getragen und können nach hoher, schneller, weiter Flugreise in anderen Weltregionen wieder abregnen.

Umso erstaunlicher, dass ausgerechnet diese Embleme der Gemächlichkeit sowohl in der Kunst als auch im sogenannten richtigen Leben immer wieder zu Geschwindigkeitswettbewerben antreten müssen – und diese dann, zumindest in fiktionalen Werken, häufig sogar gewinnen. In der Erzählung »Auf der Suche nach Soundso Claveringi« der amerikanischen Kriminalautorin (und ausgewiesenen Schneckenkennerin) Patricia Highsmith etwa liefert sich der tragische Titelheld, ein ruhmsüchtiger Molluskenforscher namens Avery Clavering, ein wortwörtliches Rennen auf Leben und Tod gegen zwei

Sehnsucht nach Entschleunigung?

fleischfressende Bauchfüßer, mit denen er unfreiwillig auf einer einsamen Südseeinsel gefangen ist. Die Schnecken sind übermannshoch – ihr Gehäuse ist fünf Meter hoch, der schleimige Leib fast zehn Meter lang – und nur geringfügig schneller als ihre Artgenossen: »Der feucht glänzende Körper«, schreibt Highsmith über das erste Exemplar, dem der Professor begegnet, »kam mit der Langsamkeit einer riesigen, aus dem Schlaf erwachenden Schlange zum Vorschein.« Ihren Sieg über den Zweibeiner verdanken die Monstermollusken denn auch nicht ihrem Schneckentempo, sondern ihrer Beharrlichkeit und ihrem Kräftemanagement: Während das eine Exemplar Professor Clavering verfolgt, ruht das andere sich aus und stärkt sich an den Blättern einer Baumkrone.

Wie im Märchen vom Hase und den beiden Igeln, die das flinke Langohr bei einem Wettrennen zu Tode hetzen, gewinnen in der Highsmith-Geschichte letzten Endes die zwar langsameren, aber planvoller agierenden Tiere. Nach zwei Tagen und Nächten, in denen die Schnecken Professor Clavering ge-

Märchenhaftes Schneckenrennen von Richard Doyle (1870).

mächlich über die Insel gejagt haben, verliert dieser, verletzt und übermüdet, für einen Augenblick die Konzentration, stolpert – und bezahlt für seinen Lapsus mit dem Leben: »Er stand bis zur Taille im Wasser, als er das Gleichgewicht verlor, bis zur Taille, doch der Kopf war unter Wasser, als die Schnecke sich auf ihn warf, und während Tausende von Zahnpaaren sich in seinen Rücken gruben, erkannte er, dass es sein Schicksal war, zu ertrinken und gleichzeitig gefressen zu werden.«

Ein solch grausiges Ende bleibt dem menschlichen Schneckenkontrahenten aus dem Animationsfilm *Turbo: Kleine Schnecke, großer Traum* zwar erspart – doch kommt auch bei ihm der Hochmut vor dem Fall. Der Rennfahrer Guy Gagné ist ein weltberühmter Formel-1-Pilot und als solcher das größte Idol von Theo: einer verträumten Gartenschnecke aus dem Großraum Los Angeles, die sich nichts sehnlicher wünscht, als einmal beim Großen Preis von Indianapolis mitzufahren. Abend für Abend sitzt Theo vor dem Fernseher und verfolgt gebannt die immergleiche Videoaufzeichnung eines Interviews mit seinem Idol, oder er kriecht zu einer nahegelegenen Freeway-Brücke und begeistert sich an dem endlosen Verkehr zu seinem Kriechfuß.

Eines Abends passiert nun etwas, das sein Leben grundlegend verändern, beschleunigen wird: Theo stürzt in das betonierte Bett des Los Angeles River, in dem gerade ein Dragster-Rennen stattfindet, und landet im Nitromotor eines Rennautos, wo er ein typisches Superhelden-Konversionserlebnis hat. Seine DNA durchläuft unter Chemikalienbeschuss eine wundersame Verwandlung, und am nächsten Morgen findet er sich zu einem ungeheuren Renn-Ungeziefer verwandelt. Er gibt sich fortan den Künstlernamen Turbo (ironischerweise nicht nur das Kürzel für einen Turbolader, sondern auch für die Gattung der Turbanschnecken) und wird binnen kurzer Zeit zum Star eines örtlichen Schneckenrennstalls, ja schließlich sogar zum internationalen Publikumsliebling: Turbo darf tatsächlich beim Indy 500 mitfahren und gewinnt in einem dramatischen Finale gegen Guy Gagné sowie alle anderen menschlichen Konkurrenten, da deren brennstoffbetriebene Rennprothesen in einer Massenkarambolage verkeilt sind.

Zwar verliert auch Turbo in der Hitze des Gefechts seine Superkräfte. Doch selbst in dem angeborenen Schneckentempo, das ihm bleibt, ist er immer noch schneller als Gagné, der versucht, seinen ramponierten Rennwagen über die Ziellinie zu schieben. Die Natur schlägt die Technik. Der Kriechfuß den Gummireifen. Das Weichtier siegt über den Menschen.

A Day at the Races

Zu Besuch bei einem britischen Schneckenrennen

So unrealistisch der Sieg der Gartenschnecke auch sein mag, so hollywoodesk die Moral von der Geschicht' (›Alle Träume können in Erfüllung gehen, wenn man nur fest genug an sie glaubt!‹) auch anmutet: Der Film hat einen wahren Kern. Es gibt tatsächlich Schneckenrennen – das wohl berühmteste findet alljährlich in Congham im Südosten von England statt. World Snail Racing Championship heißt der Wettbewerb und wird von Organisatorin Hilary Scase mit den Worten angepriesen, er sei »für den Schneckenrennsport so wichtig wie Newmarket für das Pferderennen«. Auf der Strecke im nahegelegenen Newmarket finden schon seit dem 12. Jahrhundert Pferderennen statt; die Schneckenrenntradition in Congham datiert immerhin auf die Sechzigerjahre des 20. Jahrhunderts. Im Sommer 2014 mache ich mich auf den Weg dorthin. Allerdings nicht allein: Ich bin in Begleitung einer kleinen, gelben Bänderschnecke, die ich aus dem Kitagarten meiner Tochter entführt habe und die für mich, für Berlin, ja für ganz Deutschland bei der Weltschneckenrennmeisterschaft antreten soll.

Meine wichtigste Vorbereitung auf das Rennen besteht darin, mir für die Schnecke einen möglichst furchteinflößenden, teutonisch tönenden *nom de guerre* auszudenken, der der Konkurrenz schon vor dem Start klarmachen soll, mit wem sie es zu tun hat – schließlich weiß ich als alter Langstreckenläufer, dass so

Bei der World Snail Racing Championship in Congham dominieren Gefleckte Weinbergschnecken sowie Weiß- und Schwarzmündige Bänderschnecken.

ein Rennen vor allem im Kopf entschieden wird. ›Schumacher‹ fällt seit dem tragischen Skiunfall des Formel-1-Fahrers leider aus. ›Vettel‹ ist kaum weniger erfolgreich, gibt seinen eigenen Wagen aber gern dämlich-sexistische Frauennamen wie ›Hungry Heidi‹, ›Kinky Kylie‹ und ›Randy Mandy‹, wodurch er sich als Namenspate disqualifiziert. Kurzzeitig spiele ich mit dem Gedanken, die Schnecke nach einem Leichtathletikidol meiner Jugend ›Jürgen‹ (wie Hingsen) zu nennen, entscheide mich aber schließlich für ›Nereide‹. Nereide, muss man wissen, war eines der erfolgreichsten Rennpferde des 20. Jahrhunderts. Leider fiel ihre Karriere mit der Zeit des Nationalsozialismus zusammen, aber dafür kann das arme Tier ja nichts: Die Vollblutstute gewann 1936 das Deutsche Derby in einer Rekordzeit, die erst knapp sechzig Jahre später unterboten wurde. Meine Nereide soll ihr eine würdige Nachfolgerin sein.

Doch vor das Rennen haben die Götter den Flug gesetzt: Die Einfuhr von »wirbellosen Haustieren« nach Großbritannien ist, wie ich herausfinde, zwar grundsätzlich erlaubt – die von »Lebensmitteln mit Schädlingsbefall« hingegen verboten. Da ich Diskussionen darüber, ob es sich bei meiner Schnecke um ein vollwertiges Haustier oder doch eher um *vermin* handelt, vermeiden will, beschließe ich, sie vorsichtshalber diskret an Zoll und Sicherheitskontrolle vorbeizuschmuggeln. Die einfachste Lösung, nämlich Nereide zwischen T-Shirts und Socken im Gepäck zu verstauen, verwerfe ich, da ich sie nicht der Röntgenstrahlung bei der Gepäckdurchleuchtung aussetzen will (obwohl mir kurzzeitig der Gedanke durch den Kopf kriecht, Nereide könnte, ähnlich wie Turbo, durch Röntgenstrahlenbeschuss zu einer Hochgeschwindigkeitsschnecke mutieren). Von der erwähnten Patricia Highsmith ist überliefert, dass sie nie ohne die Gesellschaft ihrer Gehäuseschnecken auf Reisen ging: Meist führte sie die Schnecken in der Handtasche bei sich, wenn sie wie ich ins Ausland flog, verbarg sie die Tierchen in ihrem Büstenhalter. Diese Lösung ist für mich leider keine Option, und auch die naheliegende Alternative, Nereide vorübergehend unter der Gürtellinie zu deponieren, erscheint mir unpraktikabel: Was, wenn ich durch die Bewegungen des muskulösen, schleimigen Kriechfußes auf unzüchtige Gedanken komme?

Ich orientiere mich schließlich an der Strategie des Ganoven aus der Edgar-Allan-Poe-Erzählung *Der entwendete Brief*, der sein Diebesgut dadurch verbirgt, dass er es offen in seiner Wohnung herumliegen lässt: Als wäre es das Normalste von der Welt, bei Flugreisen neben Ausweis und Bordkarte eine lebende Gehäuseschnecke mit sich zu führen, stecke ich Nereide in die Hosentasche. Und tatsächlich: Der Plan geht auf. Ich bin beim Security Check zwar so adrenalindurchtränkt, als hätte ich statt einer Bänderschnecke ein Pfund Kokain am Körper versteckt, aber wir können ungehindert passieren. *Congham, here we come!*

Congham liegt etwa zwei Autostunden nördlich von London, am Rande der sogenannten Fens, einem ehemaligen Marschland, das ausnehmend feucht und fruchtbar ist: Kein Wunder, dass Weichtiere sich hier wohlfühlen. Das Dorf hat nur etwa zweihundert Einwohner, beherbergt aber, wie ein kurzer Spaziergang durch die umliegenden Felder zeigt, Abertausende von Schnecken.

Auf seiner Expedition in die Südsee 1826–29 entdeckte der französische Seefahrer Dumont d'Urville diese besonders windschnittigen Schnecken.

Die World Snail Racing Championship findet auf dem örtlichen Cricketfeld statt. Als ich ankomme, herrscht feierliche Atmosphäre: Das lokale Blechbläserensemble intoniert Marschmusik, Dorfbewohner verkaufen selbstgebrautes Ale,

Kaffee und Kuchen – doch die größte Attraktion befindet sich auf der Mitte des Spielfelds: Hier scharen sich ungefähr fünfzig Menschen um einen kreisrunden, mit einem nassen Tuch bedeckten Tisch: die Rennstrecke! Neben dem Tisch steht Neil Riseborough, ein baumlanger, sonnenverbrannter Farmer, der seit zwanzig Jahren als offizieller *snail master* fungiert, und erläutert die Regeln: Die Tiere starten jeweils in der Mitte des Tischs, auf den zur Orientierung konzentrische Kreise gemalt sind. Die erste Schnecke, die ihren Fuß auf den äußersten dieser Kreise setzt, hat gewonnen. Afrikanische Riesenschnecken, deren ausgestreckter Leib bereits halb so lang wäre wie die gesamte Rennstrecke, sind nicht zugelassen; die meisten Teilnehmerinnen sind Gefleckte Weinbergschnecken oder Bänderschnecken wie Nereide. Jede bekommt eine Startnummer, die ihr in leuchtroter Signalfarbe aufs Gehäuse geklebt wird. Auf das Kommando »Ready – steady – slow!« geht es los.

Das heißt: Erst einmal passiert gar nichts. Nereide bleibt stoisch an der Startlinie sitzen, wo Schneckenmeister Riseborough sie mit 14 Konkurrentinnen platziert hat. Vielleicht ist Nereides Biorhythmus wegen der Zeitverschiebung und der langen Reise durcheinander, vielleicht macht ihr die ungewöhnliche Hitze, die diesen Sommer in England herrscht, zu schaffen – jedenfalls wirkt sie ungewöhnlich schlapp und desorientiert. Erst einmal tut sie sich ausführlich an dem nassen Tischtuch gütlich (die Rennstrecke wird vor jeder Runde mit Wasser besprengt). Dann beginnt sie, mit einer anderen Bänderschnecke zu balzen.

Damit ist das Rennen gelaufen: Als die Siegerschnecke über die Ziellinie sprintet, hat Nereide sich noch keinen Zentimeter vorwärtsbewegt. Drei Stunden, ein Dutzend Ausscheidungsrennen und eine Finalrunde später steht schließlich fest: Gewinner der diesjährigen World Snail Racing Championship ist eine Weinbergschnecke namens Wells: Exakt drei Minuten, 19 Sekunden und 68 Hundertstel benötigte sie für die 33 Zentimeter lange Strecke. Als Trophäe erhält sie einen silbernen Pokal sowie einen frischen Kopfsalat – etwa hundertfünfzig andere hungrige Weichtiere haben das Nachsehen.

Etwas später – zu spät – verrät mir Snail Master Riseborough, wie *er* seine Schnecken auf solche Rennen vorbereitet: »Zum Training lässt man sie am besten an Glastüren hochkriechen«, sagt er und behält ein verschwitztes, sonnenverbranntes Pokerface: »Dadurch bekommen sie Kondition und laufen nachher in der Ebene schneller. Wir haben auch lange über die richtige Ernährung nachgedacht, und ich glaube, das Wichtigste ist, dass man ihnen eine einfache und natürliche Kost anbietet. Manche Schnecken mögen lieber Gemüse, andere bevorzugen Fliegen – aber es gibt keine fundierten Erkenntnisse darüber, wie das ihr Wettkampfverhalten beeinflusst.«

Ausdauertraining hin, richtige Ernährung her: Es bleibt also ein gewisses Element des Zufalls. So ist der im *Guinness Buch der Rekorde* aufgeführte Weltrekord, der 1995 von einer Schnecke namens Archie aufgestellt wurde, seit beinah zwanzig Jahren ungebrochen. Nur zwei Minuten und zwanzig Sekunden benötigte Archie für die Strecke – fast eine Minute weniger als die diesjährige Gewinnerschnecke und unvergleichlich schneller als Nereide. Wäre ich ein Rennstallbesitzer und Nereide ein Pferd, würde ich ihr den Gnadenschuss geben – da sie aber eine Schnecke ist, der man für ihre Kapriolen nicht böse sein kann, schenke ich ihr die Freiheit: Ich setze sie hinter dem Cricketfeld auf den Stamm eines umgestürzten Eichbaums. Nun, da der Wettbewerbsdruck von ihr gewichen ist, scheint Nereide ihr Formtief überwunden zu haben. Als ich ein paar Minuten später noch einmal nach ihr schaue, um mich von ihr zu verabschieden, ist sie bereits verschwunden.

Ich bleibe allein zurück – und mit mir eine Reihe von Fragen: Warum lässt man ausgerechnet Tiere, die für ihre Langsamkeit berühmt sind, in solchen Rennen gegeneinander antreten? Ist es die Freude am Paradox, an der Kollision des Kontrastpaars langsam / schnell? Liegt es daran, dass man beim Schneckenrennen das Geschehen in aller Ruhe und aus der Vogelperspektive verfolgen kann (anders als beim Autorennen, wo die Kontrahenten in Sekundenbruchteilen vorüberrasen)? Oder gibt es für die gegenwärtige Konjunktur der Schneckenrennen (an der Championship in Congham nehmen jedes Jahr um die 250 Tiere teil) einen tieferen, psychogenetischen Grund?

Eine Antwort könnte darin liegen, dass Schnecken mit ihrem sprichwörtlichen und tatsächlichen Phlegma den denkbar größten Gegenpol zu unserer spätkapitalistischen Leistungsgesellschaft darstellen – und dass ein Wettbewerb, in dem sie als Konkurrentinnen antreten, unseren *need for speed* auf so simple wie komische Weise parodiert. Schließlich ist das Leben in der westlichen Welt von zunehmender Hyperaktivität und Hektik geprägt, die ein sorgenloses Trinken, Imkreisherumkriechen und Balzen, wie Nereide und ihre Artgenossen es vollführen, als Zeitverschwendung erscheinen lassen. Der Soziologe Hartmut Rosa bezeichnet unsere Gesellschaft entsprechend als »Beschleunigungsgesellschaft« – und die allenthalben feststellbare Geschwindigkeitserhöhung des modernen Daseins als »neue Form des Totalitarismus«.

Rosa unterscheidet drei Bereiche, in denen sich das Diktat der Beschleunigungsgesellschaft bemerkbar macht. Erstens die *technische Beschleunigung,* die sich etwa darin manifestiert, dass in den letzten zweihundert Jahren unser Kommunikationstempo (dank Telefon, E-Mail, SMS etc.) um das Zehnmillionenfache gestiegen ist; die Reisegeschwindigkeit hat sich im gleichen Zeitraum um das Hundertfache erhöht. Hinzu kommt, zweitens, die *Beschleunigung des sozialen Wandels:* Der Zeitausschnitt zwischen Vergangenheit und Zukunft, in dem verbindliche soziale Maßstäbe, Beziehungsmuster und Handlungsformen vorherrschen und den wir daher als Gegenwart wahrnehmen, wird demzufolge immer kürzer; man denke an die drastischen politischen und gesellschaftlichen Veränderungen, die ein heute Achtzigjähriger miterlebt hat. Diese sich immer schneller wandelnde Weltwahrnehmung führt schließlich und ursächlich zur dritten Form der Beschleunigung, nämlich der *Beschleunigung des Lebenstempos.* Sie äußert sich darin, dass wir versuchen, *mehr* Dinge in *weniger* Zeit zu tun: weniger schlafen, seltener spazieren gehen, beim Autofahren mit der Freisprechanlage telefonieren und zwischen den Schaltvorgängen mit der freien Hand zu Mittag essen. Wir antworten also auf die Erfahrung der Zeitknappheit, indem wir versuchen, die *»Zahl an Handlungs- oder Erlebnisepisoden pro Zeiteinheit«* zu steigern – nur um festzustellen, dass die Zeit paradoxerweise trotzdem immer knapper zu werden scheint: »Ganz egal, wie schnell wir werden, … das Verhältnis der realisierten Optionen und der gemachten Erfahrungen zu denjenigen, die wir *verpaßt* haben, wird … konstant kleiner.« Oder wie es schon vor einem Jahrhundert der Soziologe Max Weber formulierte: Der moderne Kulturmensch kann vom stetig wachsenden Berg an Informationen »nur den winzigsten Teil« erhaschen, »und immer nur etwas Vorläufiges, nichts Endgültiges«; darum ist er, anders als etwa ein Landwirt der Vormoderne, niemals »lebensgesättigt«, sondern höchstens »lebensmüde«.

Historisch gesehen lässt sich das Entstehen des Beschleunigungstotalitarismus Rosa zufolge auf die zunehmende Säkularisierung des Daseins zurückführen: Wenn alle Möglichkeiten, Glück und Erfüllung zu erlangen, im Diesseits liegen, wenn also sämtliche Erfahrungen innerhalb des irdischen Lebens gemacht werden müssen, dann erhöht sich der Druck, so viele Optionen wie möglich auszuprobieren – und das geht bloß, indem man die zur Verfügung stehende Zeit ›besser‹ nutzt. »[W]er nur die Hälfte der Zeit benötigt, um eine Handlung auszuführen, ein Ziel zu erreichen oder eine Erfahrung zu machen, kann ›die Summe‹ … des eigenen Lebens in einer Lebensspanne verdoppeln.« Hinzu kommt, dass kapitalistische Gesellschaften maßgeblich über Wettbewerb funktionieren, das Individuum seine soziale Stellung innerhalb des Systems also ständig neu aushandeln muss. Und wer seine Zeitressourcen dabei nicht optimal nutzt, läuft Gefahr, seine *pole position* an einen Konkurrenten zu verlieren: Zeit ist, einem berühmten Ausspruch Benjamin Franklins zufolge, Geld, und die Konkurrenz, so ein anderes Sprichwort, schläft nicht. »Soziale Beschleunigung im allgemeinen und technische Beschleunigung im besonderen sind eine logische Folge aus einem wettbewerbsorientierten kapitalistischen Marktsystem.« *Rat race* sagt man im Englischen zu diesem unbarmherzigen, nie enden wollenden Verteilungskampf. Ein Schneckenrennen muss demgegenüber wohltuend langsam, kontingent und sinnlos erscheinen.

Da es sich bei der Beschleunigungsgesellschaft um ein spezifisch spätmodernes Phänomen handelt, kann nicht überraschen, dass vor allem in jüngster Zeit, gewissermaßen als kompensatorische Gegenbewegung, ein Lob der Langsamkeit eingesetzt hat – und dass diese Tendenz die Schnecke zum Leittier erhoben hat. Der Schriftsteller Günter Grass etwa pries – in seinem *Tagebuch einer Schnecke,* dem Grass' Erfahrungen während des Bundestagswahlkampfs 1969 zugrunde liegen – das Weichtier als Inbegriff des bedächtigen, inkrementellen Wandels. Die Schnecke ist für ihn das Symbol eines politischen Fortschritts, der nicht in revolutionären Sprüngen, sondern nur in Kriechbewegungen zu haben ist: »Sie kriecht, verkriecht sich, kriecht mit ihrem Muskelfuß weiter und zeichnet … vorbei an versandeten Revolutionen ihre rasch trocknende Gleitspur.« Mit ihrer Langsamkeit, ihren Umwegen, ihrer scheinbaren Orientierungslosigkeit verkörpert die Schnecke für den Autor die Melancholie des utopischen Denkens: Sie steht für die Einsicht, dass politische Ziele innerhalb der modernen demokratischen Institutionen nur schleppend, ja möglicherweise überhaupt nie erreicht werden können. »Nur wer den Stillstand im Fortschritt kennt und achtet, … wer auf dem leeren Schneckenhaus gesessen und die Schattenseite der Utopie bewohnt hat, kann Fortschritt ermessen.«

1972, im selben Jahr, als Grass' *Tagebuch* erschien, veröffent-

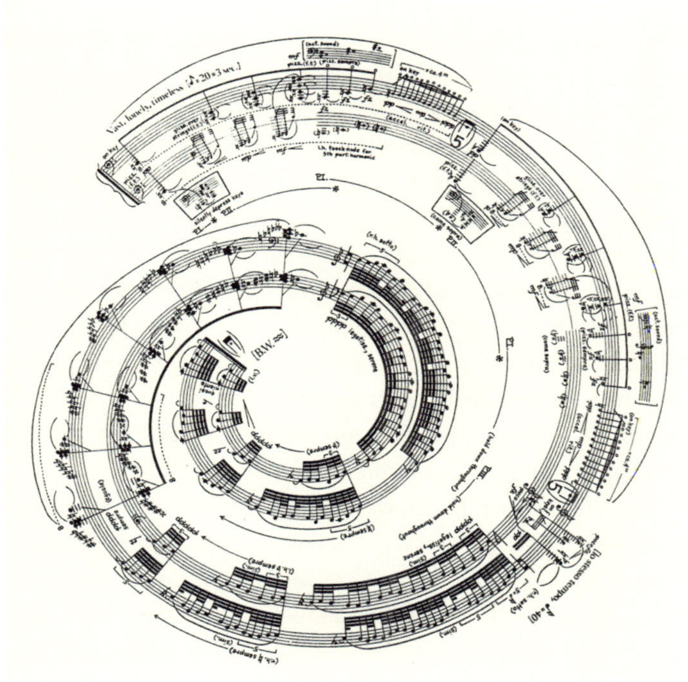

Gewaltig, einsam, zeitlos. Spiralkomposition von George Crumb (1972).

lichte der amerikanische Avantgardekomponist George Crumb den ersten Teil seines Klavierzyklus *Makrokosmos*. Das Werk beinhaltet zwölf Stücke, eines für jedes Zeichen des astrologischen Kalenders. Das letzte – es ist bezeichnenderweise dem Wassermann, dem Schutzpatron aller feuchtigkeitsliebenden Tiere zugeordnet – hat die typische Spiralform eines Schneckenhauses: Im Uhrzeigersinn führen die Notenlinien wie ins

Gehäuse eines rechtsdrehenden Schalenweichtiers nach innen und zwingen den ausführenden Pianisten bereits durch die unpraktische Form der Notation zur Langsamkeit. »Vast, lonely, timeless« ist das Stück überschrieben, »gewaltig, einsam, zeitlos«: eine Charakterisierung, die auch auf die kosmischen Urschnecken aus dem eingangs geschilderten Welterschaffungsmythos von der Insel Nauru zutreffen könnte. Wie ein gigantisches Schalenweichtier bewegt sich das Stück voran, eine Achtelnote dauert nach dem Willen des Komponisten drei Sekunden: Das ist etwa fünfmal so langsam wie ein klassisches Adagio. Und gegen Ende nähert es sich mit der Dynamikbezeichnung Pianopianissimopianissimo (*ppppp*) der Unhörbarkeit an. Wenn Schnecken tanzen könnten, wäre diese Komposition die richtige Musik dafür.

Doch nicht nur in literarisch-politischen und kosmisch-künstlerischen, sondern auch in ganz alltäglichen Zusammenhängen ist die Schnecke als Symboltier zuhause. So dient die stilisierte Form einer Gehäuseschnecke seit Mitte der Neunzigerjahre als offizielles Zeichen der Slow-Food-Bewegung. Diese aus Italien stammende Organisation propagiert die Verwendung von Produkten, die regional und saisonal angebaut und auf mehr oder minder traditionelle Art zubereitet werden. Vor allem aber sollen die unter diesem Siegel zubereiteten Gerichte, in Abgrenzung zum modernen Fastfood, in aller Ruhe genossen werden. Das Schneckensymbol bezieht sich also nicht auf den Schädling (den auch ökologisch orientierte Slow-Food-Bauern nur ungern auf ihren Salatköpfen sehen dürften), sondern auf das Kriech- und Fresstempo dieser Tiere, das uns Menschen zum Vorbild gereichen soll.

Der Ausdruck ›Turbo‹ kann nicht nur für schnelle Autos stehen, sondern auch für die Gattung der Turbanschnecken: hier Turbo marmoratus, T. olearius, T. castanea und T. setosus (Abbildung von 1830).

Aber: Nehmen wir dieses Vorbild tatsächlich ernst – oder nutzen wir den Aufenthalt im Slow-Food-Restaurant nur, um uns für die Zumutungen der Beschleunigungsgesellschaft zu stärken? Analog: Tauchen wir in George Crumbs Spiralkomposition bloß ein, um danach wieder geistig fit und tiefenentspannt an unseren Bildschirmarbeitsplatz zurückzukehren? Scrollen wir ungeduldig durch die eBook-Version von Grass' Langsamkeitsloblied? Kringeln wir uns angesichts Formel-1-Parodien wie *Turbo* oder des Schneckenrennens in Congham, stürzen uns danach aber wieder schnurstracks ins kapitalistische Rattenrennen? Anders gesagt: Hat das Konzept Schnecke gegen die Beschleunigungsgesellschaft auch nur den Hauch einer Chance?

Betrachtet man den Film *Turbo,* als bislang erfolgreichste kulturindustrielle Verarbeitung des Themas Schneckenrennen, so muss man sagen: Nein. Das Tragische an diesem über weite Strecken hochkomischen Film ist nämlich, dass die menschlichen Formel-1-Piloten zwar gegen die Schnecke verlieren mögen – dass die automatisierte, entfremdete Beschleunigungsgesellschaft aber doch letzten Endes triumphiert. In der letzten Szene des Films sind Turbo und seine Gastropodenfreunde zu Rennstars avanciert: Sie haben ihre Gehäuse mit Motoren, Rotoren und anderen Prothesen aufgepimpt, um genauso schnell zu sein wie der Rest der hochtechnisierten Welt. *You can crawl, but you can't hide.* Aus der Diktatur der Beschleunigung, so die bittere Lehre, gibt es selbst für Schnecken kein Entkommen.

Zweite Runde

Essen & Ekel

Wenn der Wind mich gelegentlich in ein französisches Restaurant weht und dort, *comme il faut,* Schnecken auf der Speisekarte stehen, muss ich immer an Harry Potter denken. Oder besser gesagt: an Harrys Schulfreund Ron Weasley. Der wendet im zweiten Teil von Joanne K. Rowlings Buchreihe um die Zauberlehrlinge von Hogwarts nämlich im Streit einen Spruch an, der unter Potterologen als *Slugulus Eructo* bekannt ist: *Eat slugs!,* schreit er im Original: ›Schluck Schnecken!‹ Doch da Rons Zauberstab beschädigt ist, fällt die Verwünschung auf ihn selbst zurück – und er verbringt den Rest des Tages damit, eine Nacktschnecke nach der anderen zu erbrechen.

Die Szene ist in zweierlei Hinsicht interessant: Zum einen fungieren Schnecken hier als Inbegriff des Ekelobjekts: Andere Zaubersprüche mögen töten – kein anderer ist so widerwärtig wie *Slugulus Eructo* (Harry wird sich noch drei Jahre später mit Schaudern an die Szene erinnern). Zum anderen ist der Ekel aber auch auf paradoxe Weise mit dem Essen verknüpft: Schließlich steht die Aufforderung ›Schluck Schnecken!‹ in bemerkenswertem Kontrast zu der darauffolgenden Reaktion, dem Erbrechen der fraglichen Tiere. Offenbar sind Essen und Ekel, *Schlucken* und *Spucken* im Fall der Speiseschnecken aufs Innigste miteinander verknüpft. Aber auf welche Weise?

Warum gelten Schnecken überhaupt als ekelhaft? Und: Weshalb und seit wann werden sie trotzdem gegessen?

Rote Wegschnecke mit auffälligem Atemloch im Mantelschild.

Spucken. Zunächst einmal fällt auf, dass Ron keine *snails,* also Gehäuseschnecken spuckt, sondern *slugs,* Nacktschnecken. Das hat sicher nicht nur den pragmatischen Grund, dass *snails* aufgrund ihrer Form und Größe deutlich schwieriger hochzuwürgen wären als solche ohne Schale. Es dürfte auch der Tatsache geschuldet sein, dass Nacktschnecken sehr viel stärker ekelbesetzt sind als ihre gepanzerten Geschwister. Hier zeigt sich bereits die ganze Zerrissenheit der Schneckenexistenz: Ihr Gehäuse, so vorhanden, gilt als niedlich und schön – ihr Körper hingegen als abstoßend.

Evolutionär gesehen sind Nacktschnecken die fortschrittlicheren Tiere, Gehäuseschnecken 2.0: Wo bei ihren Vorfahren das Haus thronte, haben sie oft nur noch eine platte Hautstelle,

Traditionalistin: die Maurische Achatschnecke.

einen sogenannten Mantelschild. Dadurch sind sie wendiger und schneller und sparen Energie, die sie sonst in die Produktion und das Herumschleppen ihres Gehäuses investieren müssten – sie sind aber auch verletzlicher. Den fehlenden Schutz machen sie teils durch massenhafte Vermehrung wett (Gartenbesitzer können ein Lied davon singen), teils durch die verstärkte Produktion von Schleim, der für die meisten Tiere ungenießbar ist. »Als ich nun eines Tages dabei ging, allerlei Tiere mit Wegeschnecken zu füttern, stieß ich allseitig auf ablehnende Haltung«, so der Heidedichter und Hobbymalakologe Hermann Löns über seine Zeit als Aushilfstierpfleger im Münsteraner Zoo: »Sowohl der Bussard wie die Krähe, der Storch wie der Marabu, ja sogar das Wildschwein lehnten die Wegeschnecken … höflich, aber bestimmt ab, und als der Strauß happig, wie er nun einmal ist, eine überschluckte, flog sie sofort im hohen Bogen wieder aus ihm heraus … ›Merkwürdig!‹ dachte ich, und als Jünger der strengen Wissenschaft nicht gesonnen, mich durch Vorurteile abschrecken zu lassen, strich ich mit dem Zeigefinger über eine Schnecke und kostete ein wenig von dem Schleime. Der Erfolg war glänzend; erstens gebärdete ich mich ungefähr so wie der Strauß, zweitens mußte ich einen Kognak trinken, … drittens verlor ich für drei Tage den Appetit, und viertens die Zuneigung eines sehr hübschen Mädchens, dem ich in meiner unglaublichen Torheit von meinem Versuche Mitteilung machte.«

Ich verstehe mich zwar ebenfalls als Jünger der strengen Wissenschaft, bin aber geneigt, Herr Löns in dieser Frage zu vertrauen und das Experiment nicht am eigenen Leib und Gaumen zu wiederholen. Doch auch bei Gehäuseschnecken, die ja durchaus als genießbar gelten, habe ich merkwürdigerweise Hemmungen, an den Tieren zu lecken oder auf andere Weise von ihrem Schleim zu kosten. Ich vermute, dass der Widerwille, den die meisten Mitteleuropäer gegenüber der allzu innigen Berührung mit lebenden Weichtieren empfinden, etwas mit deren kategorialer Schleimig- und Schlüpfrigkeit zu tun hat. Das Ekelhafte, schreibt die Philosophin und Psychoanalytikerin Julia Kristeva, »erschüttert … die Grenzen von innen und außen, von fest und flüssig, von ›propre‹ und ›impropre‹«. Es erinnert auf unangenehme Weise daran, dass wir uns nur mit Mühe aus der klebrigfeuchten Ursuppe des Mutterleibs lösen konnten – und dass wir eines Tages wieder in denselben undifferenzierten Zustand zurückkehren werden.

Die Schnecke ist nun die Verkörperung dieses Ekelbegriffs *par excellence:* Sie ist eine Wandlerin zwischen den Welten, Grenzen und Kategorien. Phänotypisch changiert sie zwischen Tier, Pilz und Pflanze, wenn sie über ein Gehäuse verfügt, kommt sogar noch die mineralische Dimension dazu. Sie ist nicht Fisch und nicht Fleisch, »halb lebendig und halb tot«, wie der Philosoph Gaston Bachelard schreibt, schleimig schimmernd wie ein neugeborenes Baby oder ein verwesender Leichnam. Und sie führt uns nicht nur vor Augen, woher wir kommen und wohin wir gehen, sondern bedroht im Wortsinn die Integrität unseres Körpers: Wenn wir einmal gestorben sind, werden sich auch Schnecken im Verband mit anderen Kleinstlebewesen über unseren Körper hermachen. *Bon appétit.*

Diese kategoriale Unbestimmtheit ist allerdings nicht der einzige Grund, weshalb wir uns vor Schnecken ekeln. Der amerikanische Anthropologe Marvin Harris hat zwei Theorien entwickelt, wann wirbellose Kleintiere mit Nahrungstabus belegt werden – und wann nicht. Die erste ist die *Theorie von der optimalen Futtersuche:* Sie besagt, dass »Futtersucher nur so lange Dinge zu ihrem Nahrungsmittelkatalog hinzufügen werden, wie das Hinzugefügte den Gesamterfolg ihrer Futtersuch-Aktivitäten erhöht«. Anders ausgedrückt: Eine Gesellschaft, in der Gastropoden und anderes Geziefer einen nennenswerten Beitrag zur Ernährung und damit zum Überleben der Gruppe liefern, wird es sich kaum leisten, diese Tiere zu tabuisieren. In der Not frisst der Teufel Schnecken. Sobald jedoch »höherrangige« Lebensmittel vorhanden sind, zum Beispiel Rinder oder Schweine, bei denen das Verhältnis zwischen Arbeitsaufwand

Schneckenzucht oder Schädlingsbekämpfung? Abbildung aus Konrad von Megenburgs Buch der Natur *(circa 1349/50).*

und Kalorienausbeute besser ist, verlieren die niederrangigen Tiere an Bedeutung oder werden gar als ekelhaft klassifiziert.

Die zweite Harris'sche Erklärung ist die *Theorie des Restnutzens*. Sie besagt, dass sich unser Widerwille gegen Tiere, die wir nicht oder nur ungern essen, noch erhöht, wenn diese über keinen weiteren Gebrauchswert verfügen. Pferde werden in Mitteleuropa traditionell eher selten gegessen – man kann auf ihnen aber immerhin in die Schlacht (oder heutzutage: über den Pferdehof) reiten oder mit ihrer Hilfe den Acker bestellen. Hunde sind ebenfalls tabu – aber sie schützen vor Einbrechern oder assistieren bei der Jagd. Schnecken hingegen sind, wenn sie nicht zur Ernährung dienen, vollkommen nutzlos, da sie sich weder als Reit- oder Zugtier eignen noch Milch geben, Wolle produzieren oder Rebhühner aufstöbern. »Sie verschlingen nicht nur die Frucht auf den Feldern, sie fressen uns auch das Essen vor der Nase vom Teller weg«, so Harris. Tatsächlich dürften sich selbst Menschen, die im französischen Restaurant gern Burgunderschnecken bestellen, ekeln, wenn sich ein Dutzend Exemplare dieser Gattung ungebeten auf ihren Salatteller verirren sollte, also als Fressfeind auftritt. »Was sie uns im Westen noch verhaßter macht, ist die verstohlene Existenz, die sie in unmittelbarer Nachbarschaft des Menschen führen; sie ... verstecken sich tagsüber und kommen erst nachts heraus. Was Wunder, daß viele von uns phobisch auf sie reagieren.« Als Schädlinge, als Un-Geziefer sind Schnecken aus dem Bereich der Mitgeschöpflichkeit verbannt. Man darf sie straflos zerstückeln, zertreten, vergiften – und wenn man will, bei lebendigem Leib in kochendes Wasser werfen und mit Weißbrot und Kräuterbutter servieren.

Schlucken. Trotz des ihnen anhaftenden Ekelfaktors werden Schnecken nämlich seit Jahrtausenden verzehrt – ohne dass die Esser durch einen Zauberspruch wie *Eat Snails!* dazu gezwungen werden müssten. Dafür gibt es gute pragmatische Gründe; der wichtigste ist wohl, dass Schnecken geradezu beschämend leichte Beute sind: Sie können nicht weglaufen. Sie können sich (mit Ausnahme weniger Arten wie der australischen Kegelschnecke, die über eine potenziell tödliche Giftharpune verfügt) nicht wehren. Und der Rückzug ins Gehäuse nützt ihnen, wenn das Raubtier, das es auf sie abgesehen hat, Werkzeuge einzusetzen versteht, auch nichts. Vermutlich sind Schnecken die einzigen Speisetiere, die nicht ›gejagt‹ oder ›gefangen‹, sondern einfach ›gesammelt‹ werden. Züchter sprechen, wenn es ihren Tieren an den Kragen geht, bezeichnenderweise von der ›Ernte‹.

Gastropoden gehören schon seit der Altsteinzeit zum menschlichen Speiseplan. Der Ernährungshistoriker Felipe Fernández-Armesto mutmaßt sogar, dass sie die ersten domestizierten Tiere überhaupt gewesen sein könnten: »Im Vergleich zu den großen und störrischen Vierbeinern, von denen man gemeinhin behauptet, dass sie die ersten für den Verzehr gedachten Haustiere gewesen seien, sind sie leicht zu halten«, schreibt er. »Man kann sie ... ohne die Hilfe von Feuer in Schach halten, man benötigt keine besondere Ausrüstung, man muss sich nicht in Gefahr begeben und keine Leittiere oder Hütehunde abrichten, um einem dabei zu helfen.« Darüber hinaus sind Schnecken exzellente Futterverwerter: Was die Umwandlung von Grünzeug in Fleischmasse angeht, sind sie zweimal so effizient wie ein Rind, dreimal so effizient wie ein Schaf und zehn-

The edible mollusks of Great Britain and Ireland *(1867). Im 19. Jahrhundert galt Schneckenessen vielerorts noch als ›ordinär‹.*

mal so effizient wie ein Hummer. Und: Im Gegensatz zu den genannten Tieren geben sie sich auch mit welkem oder verrottendem Grünzeug zufrieden.

Ihre systematische Zucht begann im ersten vorchristlichen Jahrhundert. So berichtet der römische Historiker Plinius der Ältere, dass ein gewisser Fulvius Lippinus vor dem römischen Bürgerkrieg Schneckenbehälter angelegt und die Tiere darin säuberlich nach Arten getrennt habe, »so daß die weißen, die im Reatinerland vorkommen, und die illyrischen, die sich durch ihre Größe, die afrikanischen, die sich durch ihre Fruchtbarkeit, und die solitanischen, die sich durch ihre Vorzüglichkeit auszeichnen, gesondert waren. Ja, er erdachte sogar eine Mästung für sie aus eingedicktem Most, Mehl und anderen Nahrungsmitteln, so daß auch gemästete Schnecken dem verwöhnten Gaumen dienten.«

Die ersten Schneckengärten nördlich der Alpen wurden vermutlich von Mönchen angelegt und verdankten ihre Existenz den Ernährungsregeln der katholischen Kirche: Da Schnecken nicht als Fleisch galten, durften sie auch während der Passionszeit gegessen werden und waren eine beliebte Fastenspeise. (Zu ihrer Popularität könnte weiterhin beigetragen haben, dass Schnecken als Symbol für die Jungfrau Maria galten: Wer eine Schnecke zu sich nahm, der verleibte sich im übertragenen Sinn die Muttergottes ein; er nahm eine sinnlich-weibliche Variante der Hostie zu sich. Hierzu unten mehr.) Noch Anfang des 20. Jahrhunderts hatten deutsche Schneckenmästereien, wie Johannes Schneider in seinem Leitfaden *Die Weinbergschnecke, ihre Mast und Verwertung* schreibt, »ihren Hauptabsatz nach den Klöstern des Inlandes und der geringste Teil wanderte in

Nicht Fisch und nicht Fleisch: die Weinbergschnecke.

die Feinkostgeschäfte der Großstädte, wo sie ziemlich teuer verkauft wurden«. In protestantisch geprägten Regionen ging der Schneckenkonsum ab der Reformation kontinuierlich zurück.

Dieser konfessionell-kulinarische Unterschied zeigt sich nirgendwo deutlicher als auf der Schwäbischen Alb, wo Flurnamen wie Schneckenberg, Schneckenburren, Schneckengarten und Schneckenhäule bis heute von der einstigen gastronomischen Bedeutung der Gastropoden zeugen: All diese Orte liegen in der Nähe großer Klosteranlagen wie Zwiefalten und Obermarchtal. Sie gehörten bis Anfang des 19. Jahrhunderts zu Vorderösterreich und sind daher, im Gegensatz zur streng protestantischen Albhochfläche, katholisch geprägt. Als ich 2014 das Schneckenzüchterehepaar Rita und Walter Goller, Betreiber eines nach historischem Vorbild angelegten Schneckengartens, auf der Münsinger Alb besuchte, entspann sich denn auch ein bezeichnender Wortwechsel zwischen Frau Goller, die einer altehrwürdigen katholischen Schneckenzüchterfamilie entstammt, und ihrem Mann, der von der Albhochfläche kommt.

Sie (bestimmt): »Rietheim, wo i jetzt wohn, des isch wüeschtgläubig [wüstgläubig, d. h.: protestantisch; Anm. d. A.]. I komm ja vom Großen Lautertal, rein katholisch, und da hat m'r immer Schnecke gegessen, des war wichtig als Faschtenspeise.«

Er (leise, ironisch): »I bin ein Reformierter [protestantisch, d. h.: wüeschtgläubig; Anm. d. A.], mir ham immer gesagt: So ein Ungeziefer essen wir Evangelische nicht. Also, da isch schon au ein bisschen so die Kopfsperre da, wie in Amerika oder in England, so isch des bei den Reformierten au, da isch also die Schnecke eigentlich nicht als Delikatesse oder als Lebensmittel oder so was angesagt.«

Seit zwölf Jahren züchten die Gollers nun schon Weinbergschnecken, an die 40 000 Exemplare krauchen durch ihren Garten, im Sommerhalbjahr verbringen sie täglich fünf Stunden mit ihrer Pflege – und trotzdem kann der Protestant den Speiseekel gegen die von ihm betreuten Tierchen nicht überwinden. Das sei zwar geschäftsschädigend, sagt Herr Goller – aber er könne sich mit den »kulinarischen Genüssen« seiner Frau einfach immer noch nicht anfreunden.

Tatsächlich fällt auf, dass alle für ihre Schneckenrezepte berühmten Länder und Landstriche in Europa schwerstkatholisch sind: Österreich, Spanien, Italien, das südwestdeutsche Baden mit seiner berühmten Schneckensuppe. Und natürlich Frankreich, wo alljährlich um die 40 000 Tonnen an Speiseschnecken verzehrt werden. Kein anderes Land hat die Wahrnehmung der Schnecke als Genussmittel so nachhaltig geprägt: Wenn Engländer oder Amerikaner in ein Restaurant gehen und Schnecken essen wollen, bestellen sie keine *snails,* sondern elegant-euphemistisch *escargots.*

Allerdings hat sich die gastrosymbolische Bedeutung der Schnecken grundsätzlich gewandelt. Auf den Britischen Inseln galten sie noch Mitte des 19. Jahrhunderts, wie ein zeitgenössischer Autor schreibt, als kulinarisch »unbedeutend« und »ordinär«; in London wurden gekochte Wellhornschnecken am Straßenrand für einen Penny pro Portion feilgeboten. Ja, selbst in Frankreich galten Schnecken bis ins 19. Jahrhundert als Speise für einfache *paysans.* Anders heute: Im Restaurant L'Escargot, angeblich dem besten französischen Restaurant in London, kostet ein halbes Dutzend Weinbergschnecken (Stand 2015) zwölf britische Pfund. Und die als ›Schneckenkaviar‹ vermarkteten Weinbergschneckeneier namens La Lumaca Madonita aus der Gegend von Palermo kosten an die 1 600 Euro

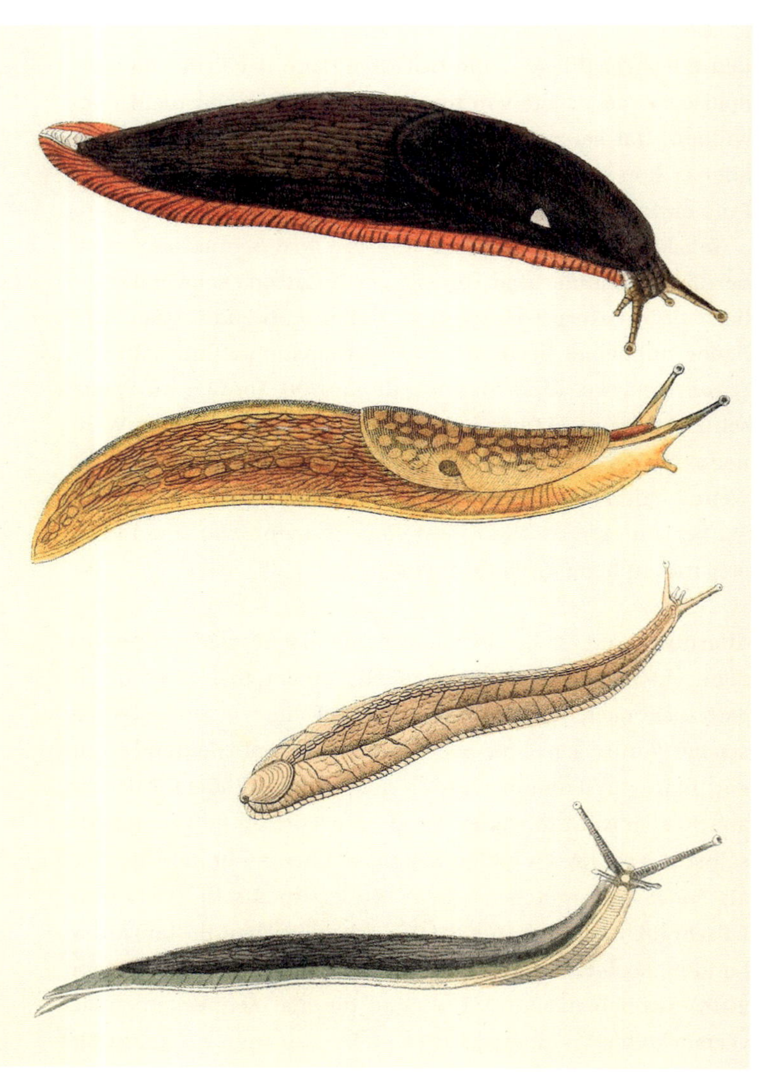

Wer jetzt kein Haus hat, baut sich keines mehr.

Terrestrische und aquatische Nacktschneckenarten aus Les mollusques *(1868).*

pro Kilo. Offensichtlich hat die Schnecke in Europa, ähnlich wie der Hummer, im bürgerlichen Zeitalter eine semiotische Umdeutung erfahren: vom Billigessen zur kostbaren und -spieligen Delikatesse. Warum?

Eine erste, einfache Erklärung ist in der zunehmenden Intensivierung und Industrialisierung der Tierhaltung zu suchen: Schneckensammeln ist mühsam, die Zucht langwierig und aufwendig. Wer heutzutage billiges Fleisch essen will, kauft keine Schnecken, sondern Hühner- oder Schweinefleisch. Der kapitalistischen Logik der Verknappung folgend, wurden Gastropoden so zum Luxusgut.

Die zweite Erklärung ist komplizierter. Folgt man Marvin Harris' Theorie von der optimalen Futtersuche, dann gelten Schnecken nämlich gerade aufgrund dieser Verknappung auch zunehmend als ekelbesetzt: Wenn sie zur Deckung des täglichen Eiweißhaushalts keine Rolle mehr spielen, werden sie eher als Schädlinge wahrgenommen. Gerade hierin könnte nun auf paradoxe Weise die Attraktivität der Schnecken für den bürgerlichen Gaumen liegen: Wie der französische Soziologe Pierre Bourdieu argumentiert, hegt der dem Adel und seinen Umgangsformen nacheifernde Bourgeois nämlich eine tiefe Abneigung gegen alles, was sich dem Genuss allzu ostentativ aufdrängt: Hamburger, Kaugummis, Hollywoodschnulzen. Im Umkehrschluss folgt hieraus eine Aufwertung aller Speisen und Artefakte, die dem Konsum einen gewissen Widerstand entgegensetzen: Eine fünfstündige Wagneroper ist demzufolge ästhetisch hochwertiger als ein dreiminütiger Popsong, ein hermetisches Gedicht besser als ein Kriminalroman – und tausendjährige Eier, lebende Austern oder eben ein halbes Dutzend Weinbergschnecken sind besser als ein Spiegelei mit Bratkartoffeln. Anders als beim *Notwendigkeitsgeschmack,* dem »Drauflos-Essen der populären Kreise«, verlagert der *Luxusgeschmack* »das Hauptaugenmerk von der Substanz auf die Manier (des Vorzeigens, Auftischens, Essens, usw.)«, von der Quantität auf die Qualität, von der Funktion auf die Form. Die Fähigkeit, solche Speisen (Opern, Gedichte) zu konsumieren, dient somit weniger der Ernährung und Erbauung als vielmehr der sozialen Distinktion.

Was die manierlichen und manierierten Feinheiten des Verzehrs angeht, ist die Schnecke nun das Distinktionsessen *par excellence,* die *Götterdämmerung* unter den Vorspeisegerichten: Burgunderschnecken werden üblicherweise auf einem speziellen, mit gehäuseförmigen Mulden versehenen Schneckenteller serviert. Eine Schneckenzange dient dazu, die heißen Schalen zu greifen. Zum fachmännischen Herauspulen des Molluskenkörpers werden Schneckengabeln gereicht, deren Handhabung erst erlernt werden muss. Und nicht zuletzt gehört ein gerüttelt Maß an Überwindung dazu, ein unter der Erde hausendes, in lebendigem Zustand ausgesprochen schleimiges und beim Servieren in ein blickdichtes Gehäuse (was mag an Dreck in den Windungen stecken?) gestopftes Tier überhaupt zu verzehren: »Nichts hebt stärker ab, klassifiziert nachdrücklicher, ist distinguierter«, so Bourdieu, »als das Vermögen, beliebige oder gar ›vulgäre‹ … Objekte zu ästhetisieren.«

Und wer weiß: Vielleicht liegt in der Überwindung des Ekels, der den Esser angesichts eines Schneckenkörpers befallen kann, nicht nur ein Distinktionsgewinn, sondern sogar eine besondere Lust? Schließlich sind diese beiden Emotionen eng miteinander verwandt, ja, wenn man Sigmund Freud folgen möchte, ist Ekel sogar das unfehlbare Erkennungszeichen einer verdrängten libidinösen Regung: Wir haben demnach Abscheu vor der Zurschaustellung unserer Genitalien, weil wir als Kleinkinder einen exhibitionistischen Drang verspürt haben. Wir ekeln uns vor Kot, weil wir während der analen Phase gern in Exkrementen gegrabbelt haben. Und Schnecken widern uns an, weil sie so schleimig und amorph sind wie der süßliche Popel und Rotz, den wir als Kinder gern aus der Nase gebohrt oder aus den Bronchien gehustet und wieder heruntergeschluckt haben. Schnecken und andere Weichtiere erlauben uns, diese kindliche Lust in sublimierter (und sozial sanktionierter Form) noch einmal zu durchleben. Der Auswurf, sagte der Komiker Gerhard Polt einmal, sei »die Auster des kleinen Mannes«. Umgekehrt könnte man sagen: Die Schnecke ist der Auswurf des großen oder zumindest des wohlhabenden Mannes. Wer sie schlucken will, muss vorher ordentlich Geld hochhusten …

Doch genug geredet. Zeit zum Essen.

Une journée à la ferme

Zu Besuch auf einer bretonischen Schneckenfarm

Der letzte Tag des Jahres: Ein Tiefdruckgebiet mit Zentrum über Irland liegt als riesige rechtsdrehende Wolkenschnecke über dem Nordatlantik und bringt stürmisches Wetter nach Europa. Ich befinde mich auf dem westlichsten Wurmfortsatz von Frankreich, dem Cap Sizun in der Bretagne – und, wie der Zufall so will, ganz in der Nähe der ersten zertifiziert biologischen Schneckenfarm von ganz Frankreich. Jetzt oder nie, denke ich. Normalerweise esse ich kein Fleisch – aus Recherchegründen beschließe ich, heute eine Ausnahme zu machen.

Die Schneckenfarm von Didier und Jeannick Bonis liegt etwa eine Stunde westlich von Quimper, in der Nähe der Pointe du Raz, am Ende eines feldstein- und ginstergesäumten Sträßchens. Ein Haus, ein Hofladen, ein paar Gewächshäuser, deren Folienwände zerfetzt sind, da vergangene Nacht ein Sturm über das Kap gefegt ist. Hier tummeln sich normalerweise um die 250 000 Gefleckte Weinbergschnecken, wissenschaftlicher Name *Helix aspersa aspersa,* auf Französisch: *petit-gris,* ›der kleine Graue‹. Aber nicht jetzt: »Les escargots font dodo«, wie mich Monsieur Bonis, ein kleiner, kahlköpfiger Mann von Anfang fünfzig, zur Begrüßung mit entschuldigendem Lächeln wissen lässt. Aufgrund meiner beschämend schlechten Französischkenntnisse denke ich zunächst, die Schnecken seien alle tot, ausgestorben: Sie ›machen den Dodo‹, wie der im 17. Jahr-

Wolkenschnecke über dem Nordatlantik: Islandtief.

hundert ausgerottete Taubenvogel. Aber nein: Sie machen nur ein Nickerchen. Winterruhe.

Im Moment liegen sie noch bei fünf Grad Celsius in der Kältekammer der Farm, aber schon bald sollen sie aufgeweckt werden: In freier Wildbahn benötigen Gefleckte Weinbergschnecken zwei Jahre, bis sie ausgewachsen sind; um diesen Prozess zu beschleunigen, wird der Frühling von den Bonis um ein Vierteljahr vorverlegt, er beginnt bereits im Januar. Jene Schnecken, die im Vorjahr als Zuchttiere ausgewählt worden sind, werden nun in den sogenannten Reproduktionsraum verbracht. Eine konstante Temperatur von zwanzig Grad, 85 Prozent Luftfeuchtigkeit und 16 Stunden Kunstlicht pro Tag sollen die Tierchen zur Paarung stimulieren. Es stehen bereits Töpfchen mit Erde bereit, in die die begatteten Schnecken ihre Eier legen können: »Notre caviar«, sagt Didier. Wenn die Mollusken ihre Schuldigkeit getan haben, werden die Kaviartöpfchen entfernt und in die ›Schlüpfkammer‹ verbracht, ebenfalls mollige zwanzig Grad warm. Hier kommen nach drei Wochen die Jungschnecken zum Vorschein.

Nun beginnt die eigentliche Mast: Die *petit-gris* werden in die Gewächshäuser gesetzt und mit Ölrettich und Weißklee gefüttert; zusätzlich bekommen sie biologisch angebautes Getreide und Kalkstein zu fressen, der ihnen das Hauswachstum erleichtern soll. In den Gewächshäusern angebrachte *brumiseurs* versorgen sie mit Feuchtigkeit, falls das bretonische Sommerwetter wider Erwarten zu trocken sein sollte. Und die kleinen Grauen können sich, zumindest ein bisschen, bewegen: Eine Bedingung für das Agriculture-Biologique-Label ist, dass jedes Tier 35 Quadratzentimeter Auslauf hat (zum Vergleich: nicht-biologisch gezüchtete Schnecken haben nur circa ein Drittel davon).

Doch auch das biologisch-dynamischste Schneckenleben geht einmal zu Ende: Zwischen Mitte Juli und Ende September findet die Ernte statt (Didier spricht tatsächlich von *récolte*), danach werden die Tiere erst einmal mehrere Tage in einem gut gelüfteten Raum in Netzen gelagert, damit sie sich purgieren können. Vulgo: Sie kacken sich aus. (Ein Vorgehen, das die Gollers von der Alb, nebenbei bemerkt, rundweg ablehnen:

»Des isch a Tortur für die Schnecke.« Die schwäbischen Züchter warten, bis die Tiere den Darm ohnehin für die Winterruhe entleert und sich eingedeckelt haben, und geben's dann den Ihren im Schlaf. »Ich möchte jetzt itt die Schnecke rausernte und dann Gefahr laufe, dass se vielleicht aufwachet«, so Frau Goller. »Des isch mir oifach a Bedürfnis, dass es dann schnell goht. Da leb i des ganze Johr mit der Schnecke, und dann will i au irgendwo mei Tierchen gut versorgt han.«)

Dann folgt, zumindest im Hause Bonis, der letzte und mutmaßlich torturreichste Teil des Schneckendaseins: Die Tiere werden bei lebendigem Leib in kochendes Wasser geworfen, aus ihren Häusern gezogen, gereinigt, entschleimt und zusammen mit Kräuterbutter und Knoblauch zurück in die zwischenzeitlich gewaschenen Gehäuse gestopft. In dieser Form werden sie schließlich, in Plastikfolie eingeschweißt, zum Verkauf angeboten. Nur fünf- bis zehntausend Exemplare entgehen dem Tod, um im kommenden Jahr als Zuchthengste beziehungsweise -stuten für eine neue Schneckengeneration zu dienen. Welchen wird dieses Privileg zuteil?

»Les plus beaux escargots«, sagt Didier, ohne Anführungszeichen oder andere Anzeichen von Ironie: Er wählt sie angeblich nach Schönheit aus. Inzwischen ist seine Frau Jeannick dazugekommen, etwas jünger als er, unzweifelhaft eine Schönheit. Ermutigt durch die Analogie (und auch, weil ich insgeheim der These anhänge, dass Züchter die von ihnen kultivierte Art passend zum eigenen Charakter wählen, sich also unbewusst in ihren Tieren spiegeln), frage ich Didier, ob seine Gattin Ähnlichkeiten mit einer Schnecke habe. Ich meine das natürlich nur im bestmöglichen Sinn, also: ob sie nicht nur

Schädling und Schwergewicht: Afrikanische Riesenschnecken können bis zu einem halben Kilogramm auf die Waage bringen.

schön, sondern auch geduldig, sanftmütig, *calme* sei, merke aber schnell, dass die Frage missverständlich ist. Monsieur schüttelt nur stumm den Kopf und blickt ängstlich zu seiner Frau. Madame sagt enigmatisch: »Ça dépend«. Schnell zurück zu den Sachfragen.

Seit zwanzig Jahren betreiben die Bonis nun schon ihre Schneckenzucht. Warum haben sie sich ausgerechnet für diese Tiere entschieden?

Laut Didier habe es in der Bretagne zwar schon immer viele Schnecken gegeben – aber keine Schneckenzucht, die nach biologischen Maßgaben arbeitet. Vor allem aber hätten sie sich beide über die Überschwemmung des heimischen Schneckenmarkts mit minderwertigen Schalenweichtieren aus dem Ausland geärgert. Die sogenannten Burgunderschnecken kämen inzwischen vorwiegend aus Osteuropa und würden in der Bourgogne allenfalls für den Verzehr zubereitet; sie machen etwa ein Drittel des in Frankreich verzehrten Schneckenfleischs aus. Ein weiteres Drittel stammt von Afrikanischen Riesenschnecken, die bis zu einem halben Kilo schwer werden können und entsprechend profitabler anzubauen sind. Sie werden vor allem aus Indonesien, Taiwan und China importiert, vor dem Verkauf in gourmetgerechte Bissen zerteilt und in die leeren Gehäuse kleinerer Arten wie der Gefleckten Weinbergschnecke gestopft. Nur jede tausendste Schnecke, die auf einem französischen Feinschmeckerteller lande, so Didier, sei eine echte *petit-gris*. Und die seien nun einmal die Besten.

Und was macht einen erfolgreichen Schneckenzüchter, eine erfolgreiche Züchterin aus?

Jeannick meint, man müsse vor allem geduldig sein. Alles gehe eben *trés lentement* vonstatten. So habe es zehn Schneckengenerationen und ebenso viele Jahre der sorgfältigen Auslese und Zucht gedauert, bis sich die Größe ihrer Tiere verdoppelt habe. Ich verleihe meiner Bewunderung für diese Geduldsleistung mit beifälligem Nicken und begeisterten *vraiment?!*-Rufen Ausdruck – erst später fällt mir auf, dass die Züchter anderer Tierarten von solchen Zuwachsraten nur träumen dürften. Um die Fleischleistung einer Schweinerasse zu verdoppeln, dürften sehr viel mehr als zehn Jahre nötig sein.

Und wie ist ihr persönliches Verhältnis zu den Schnecken?

»Pacifique«, sagt Jeannick.

Aber gibt es denn nichts, das sie an diesen Tieren stört?

»Leider kann man sie nicht darauf dressieren, von selbst in die Kiste zu springen«, sagt Didier und ahmt einen Pfiff nach, als riefe er einen Apportierhund. »Man muss sie alle von Hand einsammeln.«

Eine letzte Frage – ich halte eine Plastiktüte mit einem Dutzend Gefleckter Weinbergschnecken in die Höhe: *Combien ça coûte?*

An diesem Abend esse ich zum ersten Mal in meinem Leben eine Schnecke. Ich reagiere zwar nicht so heftig wie Ron Weasley, als der missglückte *Slugulus Eructo*-Fluch auf ihn zurückfällt – aber bei allem Respekt vor dem Ehepaar Bonis und seinen Zucht- und Zubereitungskünsten: Es ist keine Erfahrung, die ich wiederholen muss. Das Servieren der brutzelnden Gehäuse, aus deren Mündung die heiße Kräuterbutter blubbert, ist noch der interessanteste Teil. Das Herausziehen des weichen Leichnams aus den Tiefen der Schale ist mir als bekennendem Vegetarierschlappschwanz schon zu brutal. Und der abschließende kulinarische Genussfaktor ist, *je suis désolé,* vernachlässigenswert. Kaugummi mit Knoblauch-Kräuterbuttergeschmack. Ich taufe die Schnecke in meinem Mund im Geiste auf den Namen Dodo. Ich schlucke sie beherzt herunter und beschließe, dass damit nicht nur das Tier in meinem Magen, sondern auch das Thema Schneckenverzehr für mich gegessen ist.

Symbol der Wollust oder der unbefleckten Empfängnis? Schale der Großen Fechterschnecke mit arttypisch ausladendem Mündungsrand.

Dritte Runde
Sex

Vergangenes Frühjahr brachte meine Tochter vier kleine Gehäuseschnecken mit nach Hause. Schwarzmündige Bänderschnecken, um genau zu sein: Piepsi, Annabel, Udo und Hegel. Zu erklären, weshalb ein fünfjähriges Kind eine Schnecke nach einem idealistischen Philosophen benennt, würde den Rahmen dieses Buchs sprengen – fest steht: Sobald Tiere Eigennamen haben, gehören sie quasi zur Familie. Ich besorgte ein gebrauchtes Aquarium und richtete es mit Moos, Ästen und Rindenstücken für die Tierchen ein.

Aber eines sonnigen Morgens war Udo plötzlich verschwunden. Dass er den Aquariumsdeckel hochgestemmt und sich in einem unbeobachteten Moment aus dem Staub gemacht hatte, erschien mir unwahrscheinlich. Ich kontrollierte die Unterseiten der Aststücke, suchte unter den Baumrinden, wo er gern schlief: keine Spur. Udo musste sich unter dem Moospolster versteckt haben; entweder, diesen Gedanken behielt ich meiner Tochter gegenüber für mich, um in Ruhe zu sterben. Oder, ganz im Gegenteil, um ... Tatsächlich: In einer Ecke des Aquariums, unter einer fingerdicken Schicht aus Laubmoos, kauerte er wie ein Drache auf seinem Goldschatz auf einem Gelege aus schätzungsweise hundert wunderweißen Eiern. Udo war also eine Sie!

Oder ein Es? Oder nichts davon, oder alles auf einmal?

Wie pflanzen Schnecken sich überhaupt fort?

In der Antike herrschte noch der Glaube vor, dass Schnecken asexuell seien: Aristoteles rechnete sie zu den »nicht-kopulierenden Tieren« und mutmaßte, dass sie *autómata,* ›aus sich selbst heraus‹ in Schlamm und Moder entstünden. Vier Jahrhunderte später schrieb Plinius der Ältere, dass »Tiere mit härterer Schale, wie die Schnecken und Purpurschnecken«, sich aus einem »speichelartigen Schleim, wie die Mücken aus einer sauer werdenden Flüssigkeit«, entwickelten. Ja, noch im 16. Jahrhundert meinte der Jesuitenpater Athanasius Kircher, dass man tote Meeresschnecken wieder zum Leben erwecken könne, indem man ihre leeren Gehäuse zu Staub zermahlt und das so entstandene Pulver mit Salzwasser begießt.

Natürlich entging den christlichen Gelehrten des Mittelalters nicht die Parallele zu einem anderen berühmten Akt der unbefleckten Empfängnis: Aufgrund ihrer vermeintlichen Asexualität avancierte die Schnecke zu einem beliebten Symbol für die Muttergottes und war im Spätmittelalter ein verbreitetes ikonografisches Accessoire auf Mariä Verkündigungs-, Heimsuchungs-, Geburts- und Anbetungsszenen. Eine der schönsten Darstellungen dieser Art hängt in der Gemäldegalerie Alter Meister in Dresden: Es handelt sich um das Gemälde *Die Verkündigung* des italienischen Renaissancemalers Francesco del Cossa.

Wir blicken in den luftigen, lichtdurchfluteten Säulengang eines Palasts (der mit der Wohnung der historischen Mutter Jesu im Palästina der Zeitenwende freilich nur geringe Ähnlichkeit haben dürfte). Eine Marmorsäule mit Kompositkapitell teilt das Bild vertikal in zwei Hälften. Links der Säule kniet der Erzengel Gabriel, hebt segnend die Hand und verkündet Maria

Annunciazione: *Darstellung von Mariä Verkündigung des Ferraneser Renaissancemalers Francesco del Cossa (1470–72).*

die bevorstehende Gottessohngeburt; über seinem glorienbekränzten Haupt schwebt ein winziger Gottvater und sendet den Heiligen Geist in Form einer Taube nieder. Rechts der Säule, in einen tiefblauen Umhang gehüllt, steht die werdende Mutter und fasst sich ergeben ans Herz, darunter scheint sich schon dezent die Schwangerschaft abzuzeichnen. Marias Blick geht aber nicht zu Gott, auch nicht zu dem verkündenden Engel, sondern demütig nach unten – und dort, auf dem blitzblanken Marmorboden, sitzt unübersehbar eine riesige Weinbergschnecke. Der Faltenwurf von Marias gerafftem Umhang nimmt die Spiralform ihres Gehäuses auf, doch von den anwesenden Personen scheint sie niemand zu beachten. Sie kriecht nur bescheiden am Bildrand entlang und wiederholt mit ihren Fühlern die Segensgeste, die der Erzengel mit Zeige- und Mittelfinger sowie, weiter oben, der Vater im Himmel mit Seiner Linken macht.

Auf den ersten Blick handelt es sich hier vor allem um eine symbolische Bekräftigung der Jungfräulichkeit Mariens: Wir beide, scheint die Weinbergschnecke zu versinnbildlichen, sind ohne Schuld und können trotzdem weltbewegende Eier legen. Darüber hinaus könnte die Anwesenheit des Mollusken auf dem Gemälde, wie der französische Kunstwissenschaftler Daniel Arasse argumentiert, aber noch etwas anderes, Grundsätzlicheres bedeuten: Die Tatsache, dass eine Schnecke die allegorische Repräsentation der Muttergottes sein kann, obwohl sie nicht die geringste phänotypische Ähnlichkeit mit ihr hat, weist auf die Unzulänglichkeit aller künstlerischen Abbildungen hin. Indem die Weinbergschnecke an der Grenze des Bildes sitzt, illustriert sie die Grenzen der Darstellbarkeit. Die heilsgeschichtlich einschneidende Bedeutung von Mariä Verkündigung, so ihre unausgesprochene Botschaft, kann niemals adäquat mit Temperafarben auf Pappelholz (139×113,5 cm) wiedergegeben werden. Der Unterschied zwischen dem Heilsgeschehen und seinen Repräsentationen ist so unermesslich groß wie jener zwischen der Muttergottes und einer Weinbergschnecke. Dieses Bild ist nur ein Bild, schreibt die Schnecke mit unsichtbarem Schleim auf den Rahmen.

Allerdings wird diese hehre Traditionslinie immer wieder durch eine andere, weitaus weniger positiv gefärbte ikonografische Schleimspur durchkreuzt. So galt die Schnecke zahllosen anderen Kommentatoren und Künstlern nicht etwa als Repräsentantin der Keuschheit, sondern ganz im Gegenteil als Symbol der Wollust und ungehemmten Vermehrung. Schon Papst Gregor I. verglich den sündhaften Menschen mit einer Schnecke, da er wie diese weniger nach dem Seelenheil als vielmehr nach sinnlicher Lust trachte. Der frühneuzeitliche Autor Aegidius Albertinus bezeichnete das Schalenweichtier als Symbol für »geile und unkeusche Leut«. Und auf zahllosen Vanitas-Gemälden des Barocks dienten diese Tiere als Zeichen der eitlen Diesseitsgewandtheit und des schlüpfrigen Tands.

Diese Lesart der schneckischen Sexualität setzt sich bis heute fort. In Peter Greenaways Film *Verschwörung der Frauen* sehen wir zu Beginn einen Betrunkenen, der mit molluskenhafter Schlüpfrigkeit über die Nachbarsfrau herfällt, während die Kamera im Close-up diverse Schalenweichtiere zeigt, die sich über herumliegendes Obst hermachen: Bald werden sie, zusammen mit Würmern und Maden, auch den Körper des Mannes verzehren. In der Pornosatire *Nacktschnecken* des

Alles ganz eitel: Vanitas-Stillleben *von Harmen Steenwijck (um 1640).*

österreichischen Regisseurs Michael Glawogger kriechen die Protagonisten so hemmungslos wie die Titeltiere auf nächtlich-taufeuchtem Rasen aufeinander herum. Im Video zu seinem suggestiv betitelten *Schlaflied* turtelt der Berliner Elektropopdandy Jens Friebe barbrüstig mit einer Bänderschnecke. Und in einem Kinospot der Bundeszentrale für gesundheitliche Aufklärung sind einer jungen Frau, als sie sich nach ungeschütztem Geschlechtsverkehr aus sündig-zerwühlten Laken erhebt, zwei riesige Schneckenfühler aus dem Schädel gewachsen. »So fühlt sich eine sexuell übertragbare Infektion *nicht* an«, kommentiert zwar beruhigend eine Stimme aus dem Off – aber die Bilder sprechen eine andere Sprache: Wer ohne Kondom mit wechselnden Partnern Sex hat, suggerieren sie, der verwandelt sich zur Strafe in ein schleimiges Schalenweichtier. Ist dieser zweifelhafte Leumund der Bauchfüßer gerechtfertigt? Sind Schnecken wirklich solche polyamourösen, promiskuitiven Sexmonster?

Nun: Die schiere Kinderzahl der meisten Schneckenarten ist in der Tat beträchtlich. Da sie aufgrund ihrer Langsamkeit und der Verletzlichkeit ihres Körpers hohe Verluste durch Fressfeinde zu beklagen haben, müssen sie enorm viele Nachkommen produzieren, um ihre Populationsdichte konstant zu halten. Wohl kein künstlerisches Werk illustriert diese Tatsache eindrücklicher als die Erzählung *Der Schneckenforscher* der bereits mehrfach erwähnten Patricia Highsmith. In dieser Geschichte entdeckt ein ansonsten der Tierwelt nicht eben zugetaner Finanzbroker namens Peter Knoppert überraschend seine Liebe zu den Schalenweichtieren, nachdem er zwei (eigentlich für das Abendessen bestimmte) Weinbergschnecken beim Liebesspiel beobachtet hat: »Sie standen einander gegenüber, aufgerichtet und mehr oder weniger auf ihren Schwänzen, sie wiegten sich hin und her und sahen aus wie Schlangen, die von einem Flötenspieler hypnotisiert wurden. Im nächsten Augenblick legten sie ihre Gesichter zu einem Kuß von wollüstiger Intensität aneinander. Mr. Knoppert beugte sich hinunter und betrachtete sie von allen Seiten … Sein Instinkt sagte ihm, daß es sich hier um eine Art sexueller Aktivität handelte.«

Sein Instinkt trügt ihn nicht: Kurze Zeit später – Mr. Knoppert hat die Tiere vor dem geplanten Gastrotod bewahrt und in sein Arbeitszimmer verbracht – legt eines der beiden etwa siebzig Eier. Und 18 Tage später verwandeln sich diese in winzige Schneckenbabys, die nach einer Weile wiederum neue Eier legen, die … Die Schneckenspezialistin Highsmith hat den Reproduktionskreislauf wohl zugunsten der Dramaturgie etwas gerafft: Weinbergschnecken werden üblicherweise erst mit etwa drei Jahren geschlechtsreif. Wie auch immer: Die Schnecken in Mr. Knopperts Arbeitszimmer vermehren sich exponentiell, bis der gesamte Boden, die Decke, die Wände, die Fenster, Regale und Türen von ihnen bedeckt sind – und sie den armen reichen Finanzbroker eines Abends, sei es aus konzertiertem bösen Willen, sei es aus Zufall, zunächst zu Boden und dann in den Erstickungstod reißen. »Ihm wurde schwarz vor Augen – es war ein schreckliches, wogendes Schwarz. Er bekam keine Luft mehr und konnte seine Nase nicht befreien, seine Hände nicht bewegen. Durch den Schlitz seines einen Auges sah er direkt vor sich, nur Zentimeter entfernt, die Überreste des Gummibaums … Auf der Erde paarten sich lautlos zwei Schnecken. Und gleich neben ihnen krochen, so durchsichtig wie Tautropfen, winzige Schnecken aus einer Grube – eine Armee von unzähligen Soldaten, die hinaustraten in ihre große, weite Welt.«

Was auf den ersten Blick wie eine zynische Erzählung über fehlgeleitete Tierliebe anmutet, entpuppt sich auf den zweiten als mittelalterliches Moralitätenspiel: Wie der Professor aus Highsmiths Südseegeschichte *Auf der Suche nach Soundso Claveringi* wird Mr. Knoppert das Opfer seiner Eitelkeit und Habgier. Doch während Avery Clavering lediglich nach symbolischem Kapital, nämlich der wissenschaftlichen Verewigung seines Namens strebt (die Leerstelle in *Soundso Claveringi* soll

Seit 3 500 Jahren als Zahlungsmittel im Umlauf: Porzellanschalen der Kaurischnecke.

dereinst mit einer von ihm entdeckten Tierart gefüllt werden), handelt Mr. Knoppert von Berufs wegen mit Wertpapieren – wobei parallel zur Vermehrung der Schnecken mysteriöserweise auch sein Profit steigt. »Er war zuversichtlich, daß sein Vermögen innerhalb eines Jahres auf das Drei- bis Vierfache wachsen würde. Das Geld würde sich so schnell und mühelos vermehren wie die Schnecken«, heißt es, ohne dass für diese seltsame Synchronizität eine befriedigende Erklärung geliefert würde.

Mr. Knoppert vermutet, dass die seelische Entspannung, die ihm das Beobachten seiner Schnecken verschafft, dafür verantwortlich sein könnte. Aber womöglich sind die Gründe komplizierter, metaphysischer – und Knopperts grausiger Tod nicht bloß ein dummer Unfall, sondern die Strafe für moralisch falsches Verhalten. Wie der Reiche auf einem mittelalterlichen Weltgerichtsgemälde, der sich der Todsünde der Habgier schuldig gemacht hat und dafür mit Gold zu Tode gemästet wird, muss Mr. Knoppert womöglich für seine *avaritia* büßen. Sein grausiger Erstickungstod wäre demnach die reziproke Vergeltung dafür, dass er als Finanzbroker den Mund nicht voll genug bekommen konnte.

Es geht in der Geschichte *Der Schneckenforscher* also, wenn man so will, um nichts weniger als die verheerenden Folgen des Kapitalismus. Darum, was passiert, wenn Dinge und Lebewesen ihren »Gebrauchswert« verlieren (die Schnecken waren ja ursprünglich zum Verzehr bestimmt) und, wiederum mit Marx gesprochen, zu einem »Fetisch« erhoben werden, der nur um seiner selbst willen vermehrt wird. Die überbordende Sexualität der Mollusken führt zu einer Schneckeninflation, an deren Ende die Delikatesse ekelerregend entwertet ist – und der Mensch im Überfluss erstickt.

Ihre beachtliche Nachkommenzahl ist die *eine* Sache. Ein weiterer Grund, weshalb das Liebesleben der Schnecke nur schwer mit der christlichen Sexualmoral unter einen Hut zu bringen ist, könnte darin bestehen, dass viele Schneckenarten sich einer geradezu fernöstlich anmutenden Ars Erotica befleißigen, gegen die sich die Stellungen des Kamasutra züchtig-missionarisch ausnehmen. So bilden viele Lungenschneckenarten (darunter die Weinbergschnecke) in ihrem Genitalapparat einen wortwörtlichen ›Liebespfeil‹ aus: einen etwa zentimeterlangen Dolch aus Kalk, den sie dem Geschlechtspartner im Verlauf des bis zu sechs Stunden währenden Vorspiels in den Körper rammen. Ging man früher davon aus, dass es sich hierbei um eine

Zwei Weinbergschnecken beschießen sich vor der Paarung mit Liebespfeilen.

sexualstimulierende Maßnahme handeln müsse oder um ein der Paarung vorangestelltes Kalkgeschenk, das dem begatteten Tier die Eierbildung erleichtern soll, so weiß man heute, dass der auf dem Liebespfeil aufgetragene Schleim dazu dient, die Zahl der Nachkommenschaft zu erhöhen: Er enthält ein Hormon, das bewirkt, dass der Eisamenleiter der anderen Schnecke sich öffnet und zugleich die Begattungstasche (ein Organ, das fremde Spermien selektieren und verdauen kann) verschlossen wird. Dadurch wird potenziell eine größere Anzahl von Spermien befruchtet.

Neben diesem – nach menschlichen Maßstäben spektakulären, für Schnecken aber ganz gewöhnlichen – Paarungsverhalten gibt es noch zahlreiche weitere artspezifische Sexualtechniken, die guten Christenmenschen den Schleim im Mund gefrieren lassen dürften. Man denke an den Penis der im Nordatlantik beheimateten Wellhornschnecke, der mehr als halb so lang werden kann wie ihr (mit bis zu elf Zentimetern Länge beachtlich großes) Gehäuse. Man denke an den in Mitteleuropa heimischen Tigerschnegel, der den paarungspassiven Partner zuerst stundenlang in einer Art Kreistanz verfolgt und sich dann zusammen mit ihm an einem bis zu vierzig Zentimeter langen Schleimfaden abseilt, woraufhin sich die Schnegel, kopfüber in der Luft baumelnd wie zwei notgeile Hochseilakrobaten, vielfach umschlungen begatten. Oder an das in den Salzwiesen unserer Küsten beheimatete Mäuseöhrchen, das bisweilen eine an die pornografischen Versuchsanordnungen des Marquis de Sade gemahnende Ménage-à-trois eingeht: Die mittlere Schnecke fungiert dabei gleichzeitig als Weibchen und als Männchen und penetriert eine Partnerin, während sie selbst begattet wird.

Hier deutet sich ein weiterer Grund an, weshalb das Geschlechtsgebaren der Schnecken im christlichen Abendland eher misstrauisch beäugt wird: Sämtliche Landlungenschnecken, auch einige Wasserschneckenarten, sind Zwitter. Manche nehmen beim Geschlechtsakt entweder die männliche oder die weibliche Rolle ein. Manche, wie der Tigerschnegel oder das Mäuseöhrchen, beide zugleich. Wieder andere – etwa die Schnecke mit dem vielsagenden lateinischen Namen *Crepidula fornicata,* zu Deutsch ›die Ehebrecherin mit dem prächtigen Kopfputz‹ – wechseln im Lauf ihres Lebens das Geschlecht: Als Männchen geboren, werden sie später zu Weibchen, bevor im

Alter wieder die männlichen Geschlechtsanteile dominieren. Zu guter Letzt gibt es noch Arten, die sich, wenn ihre Population bedroht und kein kompatibler Geschlechtspartner in der Nähe ist, einfach selbst befruchten und so für den Fortbestand ihres Erbguts sorgen.

Das ist natürlich keine politische Entscheidung, stellt aber doch die unter Menschen vorherrschende und für unsere Vorstellungen von Ehe, Gesellschaft, Ordnung und Kultur prägende Geschlechterbinarität radikal infrage. Wie die wissenschaftliche Disziplin der Human-Animal Studies gezeigt hat, werden Tiere nämlich nicht nur gezüchtet, gegessen und gestreichelt, sondern immer wieder auch zur Legitimation oder Kritik menschlichen Sozialverhaltens herangezogen. Ganz gleich, ob es um die Frage geht, warum Männer mehr Fleisch essen oder ob monogame Zweierbeziehungen die beste Lebensform sind: Stets aufs Neue werden Studien aus der Zoologie zitiert, um zu zeigen, dass dieses oder jenes menschliche Betragen ›natürlich‹ und damit ›normal‹ sei. Auch das Geschlecht eines Tiers kann entsprechend, wie Swetlana Hildebrandt schreibt, »Knotenpunkt und damit Aushandlungsort von gesellschaftlichen Herrschaftsverhältnissen« sein. Die Tatsache, dass es eine ganze Tierklasse gibt, deren Angehörige sich über die dominanten Kategorien von Sex und Gender hinwegsetzen, muss daher ein Stachel im Fleisch aller Verfechter heterosexueller Paarbeziehungen sein – sowie des Pakets an bürgerlichen Werten, das diesen anhängt. Durch ihre schiere Existenz hinterfragen die Schnecken unser Verständnis von Identität, Familie, Gesellschaft. Sie sind fleischgewordene, kriechende Heteronormativitätskritik.

Schicke Schalen: Farbtafel aus Albert Moussons Die Land- und Süsswasser-Mollusken von Java, *Zürich 1849.*

Nun könnte man argumentieren, dass einem antiken oder mittelalterlichen Gelehrten die radikal anti-essentialistische, anti-heteronormative Geschlechterpolitik, die implizit mit dem Hermaphrodismus der Landlungenschnecken einhergeht, nicht bewusst gewesen sein dürfte; bereits die Tatsache, dass es sich bei vielen Gastropoden um Zwitter handelt, war ja in vormodernen Zeiten weithin unbekannt. Allerdings muss man eine Schnecke nicht erst vivisezieren, um ihrer Zweigeschlechtlichkeit gewahr zu werden – diese zeigt sich bereits in ihrer äußeren Doppelgestalt: dem schlüpfrig-muskulösen Weichkörper sowie der diesen umgebenden Schale.

Der *Körper* ist klar männlich konnotiert. Man betrachte nur eine gewöhnliche Garten-Bänderschnecke, wenn sie das Ende einer Wegstrecke, etwa die Spitze eines Zweigs erreicht hat: wie sie sich aufbäumt und streckt, bis sie an einem nahegelegenen Ast neuen Halt gefunden hat, und dann ihr Gehäuse und den Rest ihres Kriechfußes mit gymnastischer Eleganz hinterherzieht. Schnecken haben kein Knochengerüst, das ihrem Leib Haltung und Stütze geben könnte, sie benutzen dafür ein sogenanntes Hydroskelett: Sie kontrahieren also ihre Muskeln, um den Druck in bestimmten Körperregionen ansteigen oder abschwellen zu lassen und so deren Größe und Form zu verändern. Mir ist nur ein Körperteil bekannt, mit dem Menschen Ähnliches zu tun vermögen, und das auch nur die männliche Hälfte der Gesellschaft. »Beynah die ganze Schnecke«, meinte entsprechend der Naturphilosoph Lorenz Oken, »ist nur eine Vorhaut, ein männliches Glied.«

Allerdings haben die Schnecken den Männern eines voraus: Sie können die Erektionen ihres Körpers nach Belieben und in

Sekundenschnelle steuern. Während der Mann dem Wankelmut seiner Libido und dem Wohlwollen seines Schwellkörpers auf Gedeih und Verderb ausgeliefert ist, haben die Schnecken, als kriechende Ganzkörperpenisse, alles unter Kontrolle. Damit gleichen sie dem paradiesischen Menschen, wie ihn sich der spätantike Theologe Augustinus von Hippo vorstellte. Erst mit dem Sündenfall, so Augustinus, verloren die Menschen, von seltenen Ausnahmen abgesehen, die Willensherrschaft über den eigenen Körper und überließen ihn der Lust, den Trieben, heute würde man vermutlich sagen: dem vegetativen Nervensystem.

»Denn für Gott war es nicht schwer, [den Menschen] so zu schaffen, daß auch jener Körperteil, der jetzt nur noch durch Begierde erregt wird, bloß durch den Willen bewegt wurde«, schreibt der Kirchenvater in seinem welt- und heilsgeschichtlichen Hauptwerk *Über den Gottesstaat.* »Besitzt doch auch, wie wir wissen, die Natur mancher Menschen von der Regel weit abweichende Eigenschaften, die wir wegen ihrer Seltsamkeit anstaunen ... So können einige ihre Ohren bewegen, entweder nur eins oder beide zugleich ... Auch solche gibt es, die nach unten hin ohne üblen Geruch, wie es ihnen beliebt, so zahlreiche Töne hervorbringen, daß man meint, sie könnten auch mit diesem Körperteile singen.« Anders gesagt: Die gelegentlich noch anzutreffende Fähigkeit, mit den Ohren zu wackeln oder nach Belieben zu furzen, ist ein Rudiment aus jenen paradiesischen Zeiten, als der Mensch noch seinen gesamten Körper, und das heißt für Augustinus vor allem: seine Sexualität, so souverän und willentlich steuern konnte wie Schnecken, bis heute, ihren Leib. Vielleicht ist es also gar nicht Ekel, der so

Neptun bezirzt die Meeresnymphe Amphitrite auf diesem Gemälde des niederländischen Barockmalers Jacob de Gheyn II.

viele Menschen beim Anblick der kleinen Weichtiere erfasst. Vielleicht ist es ganz einfach Neid.

Während der Körper der Schnecken also etwas unmissverständlich Phallisches hat, ist das *Gehäuse* traditionell weiblich konnotiert. Da die schlitzförmige Mundöffnung der Kaurischneckenschale Ähnlichkeiten mit der Vulva einer Frau aufweist, galten Kauris in vielen Mittelmeerkulturen als Symbol für das weibliche Geschlecht und wurden bei Statuetten anstelle der äußeren primären Geschlechtsmerkmale gesetzt. Bei weiblicher Unfruchtbarkeit wurden Schneckenhäuser zerstößelt und als Medizin verabreicht. Und antike Komödiendichter wie Plautus drechselten zahllose Wortspiele, die sich um die phänotypische und phonetische Verwandtschaft von *concha,* ›Schneckenschale‹ und *cunnus,* ›weibliche Scham‹ drehten. Noch heute ist im Spanischen die Verkleinerungsform *conchita* ein Euphemismus für das weibliche Geschlecht. Auch der Name der österreichischen Dragqueen Conchita Wurst – zu Deutsch also: ›Vagina Penis‹, oder auf unser Thema bezogen: ›Gehäuse Schnecke‹ – spielt mit dieser Doppeldeutigkeit.

Wenn auf dem Gemälde *Neptun und Amphitrite* des niederländischen Barockmalers Jacob de Gheyn II. der lüsterne Meeresgott sich also nicht an der nackten Göttin zu seiner Seite zu schaffen macht, sondern ihr stattdessen seine Meeresschneckensammlung zeigt, ist das sexuelle *double entendre* mehr als deutlich. Zumal im Vordergrund des Bildes eine Große Fechterschnecke dem Betrachter stellvertretend ihr fleischfarbenes Inneres entgegenreckt, während weiter hinten ein neugieriger Amor eine Nautilusschnecke suggestiv mit dem Zeigefinger penetriert.

Auch bei dem wohl bekanntesten modernen Remake dieses Motivs geht es nur vordergründig um Schnecken. Im ersten Film der James-Bond-Reihe *007 jagt Dr. No* entsteigt die schweizerische Schauspielerin Ursula Andress wie eine schaumgeborene Aphrodite den Fluten der Karibik und ist dabei mit nichts als einem inzwischen legendären cremefarbenen Baumwoll-Bikini und einem Tauchermesser bekleidet. Außerdem hat sie zwei Große Fechterschnecken dabei: Honey Ryder, wie Andress' Filmfigur mit pornografischem Beiklang heißt, verdient ihr Geld angeblich mit der Suche nach Meeresschnecken.

Honey Ryder: What are you doing here? Looking for shells?
James Bond: No. I'm just looking.

Damit ist die Funktion der frühen Bond-Girls – als deren Leitfossil die Figur der Honey Ryder gelten darf – klar umrissen. Sie kommen aus den unergründlich-weiblichen Tiefen des Meeres. Sie sind ein Schau- und Lustobjekt für den männlichen Blick. Sie tragen einen Mangel mit sich herum, eine Leerstelle: ein Gehäuse, das nach Füllung verlangt. Aber: Wie im Freud'schen Mythos von der Vagina dentata ist unsicher, was sich in der dunklen Höhlung hinter dem verführerischen Muschelmund verbirgt.

Bedenkt man die geballte Erotik, Schlüpfrigkeit und sexuelle Vieldeutigkeit der Bauchfüßer, so stellt sich natürlich die Frage, ob sie eigentlich als Familienhaustiere geeignet sind. Sind sie für Heranwachsende nicht ein denkbar schlechtes Vorbild? Muss der Anblick ihres aberranten Sexualverhaltens nicht tief in das kindliche Unbewusste kriechen und dort seine genderidentitären Eier legen? Anders gefragt: Wenn Pferde mit ihren kräftigen, maskulinen Körpern und ausgeprägt phallischen Nasen heranwachsende Mädchen zu heteronormativem Verhalten erziehen – erziehen Schnecken sie dann zu Polyamourie, Homosexualität, zur Ausbildung von Trans*identitäten?

Ich weiß es nicht. Ich muss auch gestehen, dass Piepsi, Annabel, Udo und Hegel nicht lange genug bei uns wohnten, um die charakterliche Entwicklung meiner Tochter nachhaltig beeinflussen zu können. Etwa drei Wochen nachdem Udo sich so diskret unter das Erdreich zurückgezogen hatte, begannen

Sexsymbole unter sich. Ursula Andress mit Großer Fechterschnecke bei den Dreharbeiten zu James Bond – 007 jagt Dr. No.

die von ihm gelegten weißen Kügelchen die Seitenwände des Aquariums emporzukriechen. Zielstrebig marschierten sie zur Freiheit, zum Licht: in Richtung der Luftlöcher im Deckel des Aquariums, deren Durchmesser ich so berechnet hatte, dass sie zwar einer ausgewachsenen Bänderschnecke die Flucht verunmöglichten, für ein kaum stecknadelkopfgroßes Schneckenbaby aber kein ernsthaftes Hindernis darstellten. Als sich nach Udos Vorbild auch Piepsi, Annabel und schließlich Hegel in die schlüpfrigen Falten des Moosbetts verfügten und ich in Folge immer neue Gelege entdeckte, bekam ich es mit der Angst zu tun. Aberhunderte von Schnecken, die das Aquarium verließen und sich ungehindert in unserer Wohnung ausbreiteten … Um einem ähnlichen Schicksal wie dem des bemitleidenswerten Mr. Knoppert zu entgehen, ließ ich unsere Bänderschnecken mitsamt ihrer vielköpfigen Nachkommenschaft schweren Herzens frei. Ich ging in den begrünten Hinterhof unseres Mietshauses und baute ihnen dort, im Schatten eines Lebensbaums, aus Rindenstücken ein neues Heim.

Und wenn sie nicht gestorben sind, vermehren sie sich dort noch heute.

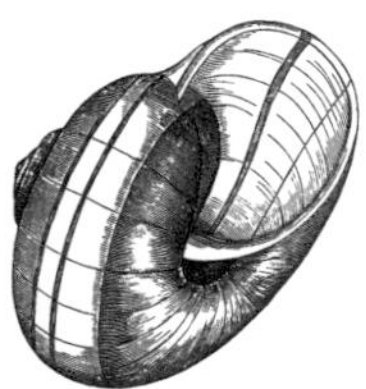

Atempause
Architektur

Ein Freitagmorgen im April. Nach einigen ungewöhnlich warmen Tagen ist es über Nacht wieder nieselig und kühl geworden, die Altstadt von Bern ist wie ausgestorben, auch Eiger, Mönch und Jungfrau halten sich hinter Wolken versteckt. Ich sitze in einem Café am Bärenplatz, auf dem Tisch vor mir zwei Tassen, dazwischen ein gugelhupfgroßes Gebilde. Von Ferne könnte man es tatsächlich für einen Kuchen halten, der nicht lange genug im Ofen war: Gelblichweiß schimmert das Gewinde. Es ist aber definitiv nicht essbar, sondern besteht aus Styropor, Leim und Balsaholz. Es handelt sich um das maßstabsgerechte Modell für ein Schnecken-Haus.

Mir gegenüber sitzt der Erfinder und Erbauer dieser Kreation, Christian Hosmann. Er ist braungebrannt, als Geschäftsführer eines Vereins für Entwicklungszusammenarbeit reist er andauernd um die Welt, Indien, Nepal, Zentralafrika – vielleicht sehnt er sich gerade deshalb nach Heimat, Geborgenheit, nach einem subjektiven Gefühl des Schutzes, wie es sonst nur Weichtiere empfinden mögen. Zusammen mit seiner Frau, der Architektin Jacqueline Hosmann Paglialonga, bildet er außerdem das Volcania-Team, das sich der Dokumentation und Erforschung organischer Architekturformen verschrieben hat. Bei dem spiralförmigen Gugelhupf auf dem Tisch handelt es sich denn auch um das Modell für sein Einfamilienhaus. Herr Hosmann nennt es, in Anlehnung an die rastlosen Reisenden

Darstellung eines Perlboots, auch Nautilusschnecke genannt, von 1757. Die Hohlräume dienen, wie die Tauchkammer eines U-Boots, dem Auftrieb.

aus der griechischen Mythologie sowie die Gehäuseform der Nautilusschnecken: Argonautilus.

Für einen Moment durchkriecht mich ein böser Gedanke: Wie passend, dass ich ausgerechnet mit einem Berner über Schnecken spreche; schließlich sind die Bewohner der schweizerischen Bundeshauptstadt für ihr, nun, bedächtiges Sprechtempo berühmt. Vielleicht liegt es daran, dass ich mich nach einer Woche in Bern bereits dem örtlichen Geschwindigkeitsempfinden angepasst habe, vielleicht daran, dass ich nach einem langen Abend in der Schenke *Drei Eidgenossen* merklich entschleunigt bin – für meine Ohren spricht Herr Hosmann angenehm flüssig. Und freundlicherweise Hochdeutsch.

»Ein Schneckenhaus hat eine große Symbolkraft«, sagt er, während er das Dach von seinem Argonautilus-Modell entfernt, um den Blick auf das Innenleben freizugeben. »Es bietet einen maximalen Schutz für den Mollusk, also ein extrem sensibles Gebilde. Es ist leicht. Und es ist ästhetisch. Ich glaube, es gibt niemanden, der sagen würde: Ein Schneckenhaus ist nicht schön. Die Schnecke in einem Haus hat immer einen gewissen Jöö-Effekt«, reißt also Kinder und Erwachsene gleichermaßen zu mundartlichen Ausrufen des Entzückens hin. Außerdem, so Hosmann, gemahne die Weichtierschale den Menschen an seine erste und ursprünglichste Behausung: »Wir sind ursprünglich Höhlenbewohner. Wir kommen ja aus einer Gebärmutter, die war rund, wir kennen also das Gefühl. Wenn man ein wohliges Wohngefühl haben möchte, kann man das maximieren, indem man runde, spiralförmige Formen einbaut. Das gibt eine andere Raumdynamik.«

Entsprechend gibt es in Hosmanns Argonautilusmodell keine einzige gerade Wand: Wie die Kammern eines Perlboots nehmen die Zwischenwände die konkave Wölbung des Schneckenhauseingangs auf und unterteilen das Erdgeschoss in acht psychedelisch verzerrte Zimmerkuchenstücke. In der Mitte des Hauses führt eine Wendeltreppe nach oben in zwei weitere Geschosse; im Apex, also der Spitze, läuft die Spirale in einem gläsernen Oberlicht aus. Auch der Gehäusemund ist verglast, der Rest des Gebäudes ist nur von minimalen Fensteröffnungen durchbrochen, wie ein Schalentier schottet es sich nach außen ab: ein bewusster Gegenentwurf zu der auf Transparenz und Helligkeit bedachten Glasarchitektur, wie sie für viele zeitgenössische Büro- und Wohngebäude typisch ist.

Die runden, organischen Formen könnten allerdings nicht nur ein wohliges Wohngefühl, sondern auch eine Fülle an technischen Problemen mit sich bringen. Zum einen kann man beim Bau nicht auf standardisierte Teile zurückgreifen: Der Sanitärbereich etwa stellt eine enorme Herausforderung dar, da vorgefertigte Röhren in der Regel gerade verlaufen, also erst aufwendig der Gehäuseform angepasst werden müssen. Auch die Fenster sollen nach Hosmanns Vorstellungen gewölbt sein, müssten also individuell angefertigt werden. »Das ist der Witz«, sagt er mit feinem Lächeln. »Man geht auf eine uralte Form zurück – aber um sie wirklich ökonomisch bauen zu können, braucht man einiges an technischem Wissen.«

Ein weiteres Problem stellt die Akustik dar. »Wie verhalten sich Töne in solchen Räumen?«, fragt der Modellbauer und scheint auf die Antwort selbst gespannt zu sein. »Eine Spirale stellt ja einen Verstärker dar. Das Haus könnte klingen wie ein Waldhorn«, das ja in der Tat ebenfalls schneckenförmig ge-

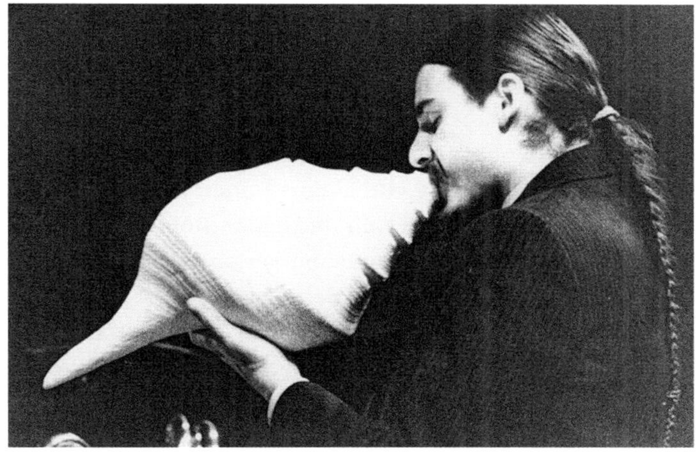

Der Jazzposaunist und Schneckenhornvirtuose Steve Turré, 1976.

wunden ist. Nicht von ungefähr gehören Schneckenhäuser zu den frühesten verwendeten Naturtrompeten.

Ein letztes und vermutlich das größte Problem ist die Statik: Die Schnecke baut ihr Gehäuse, mit dem Apex beginnend, über einen Zeitraum von mehreren Jahren, indem sie ein Kalkmaterial namens Aragonit aus ihrem Körper absondert. Der Mensch verfügt weder über Kalkdrüsen noch – in der Regel – über die Zeit und Geduld, bis an sein Lebensende an den Außenwänden seines Hauses zu mauern. »Das Einfachste wäre, mit Stahlbetonstrukturen zu bauen«, meint Hosmann; auch die Casa Nautilus, ein schneckenförmiges Einfamilienhaus, das der mexikanische Architekt Javier Senosiain nördlich von Mexiko-Stadt errichtet hat, besteht aus armiertem Stahlbeton und Polyurethanschaum. Als Verfechter organischen Bauens würde Hosmann allerdings lieber auf Material zurückgreifen, das direkt aus der Umgebung kommt: »Die beste Lösung wäre Stampflehm, bei dem man den Aushub des Bodens verwendet, um das Haus zu bauen.« Zum Imprägnieren möchte er Casein verwenden, eine Mischung aus Milchproteinen, die auch in Quark und Käse enthalten ist und durch Gerinnung feste Konsistenz erhält; für die Fußböden Holz aus der Region, vorzugsweise dem Schwarzenburgerland südwestlich von Bern. Als Erstes aber würde er den Baugrund mit einer Wünschelrute abschreiten, um sicherzustellen, dass das Haus nicht auf einer Wasserader steht. Mollusken mögen einen feuchten Lebensraum bevorzugen – für das Wohlbefinden menschlicher Schneckenhausbewohner ist ein wasserreicher Untergrund offenbar nicht zuträglich.

Es wäre einfach, Christian Hosmann als freundlichen Esoteriker abzutun und seine Pläne für den Argonautilus als Luftschneckenhaus – aber seine Sehnsucht nach einer den Schalenweichtieren entlehnten Architektursprache steht in einer altehrwürdigen eidgenössischen Tradition: Etwa fünfzig Kilometer westlich von Bern, in La Chaux-de-Fonds nahe der französischen Grenze, wurde 1887 der Architekt Le Corbusier geboren, der als Vordenker und Begründer der modernen Schnecken-Haus-Architektur gelten darf.

Die meisten Menschen verbinden den Namen Le Corbusiers vermutlich mit den sogenannten Wohnmaschinen, jenen standardisierten, seriell angefertigten *Unités d'Habitation,* die in den Fünfzigerjahren errichtet wurden, um die Wohnungsnot der Nachkriegszeit zu lindern. Daneben oder besser: davor war Le Corbusier aber auch intensiv an organischen Formen interessiert, und zwar vor allem an jenen von Schnecken und Muscheln. So begann er bereits in den Zwanzigerjahren, eine Sammlung mit Molluskenschalen, Strandgut und anderen Naturobjekten anzulegen, die ihm in Folge immer wieder als architektonische Inspiration dienen sollte. Auf Basis der abstrahierten logarithmischen Spirale eines Schneckenhauses entwarf er in den Dreißigerjahren das (nicht verwirklichte) Welterkenntnismuseum Mundaneum, das in einem kilometerlangen spiralförmigen Rundgang die Entwicklung allen menschlichen Schaffens dokumentieren sollte. Außerdem das *Musée à croissance illimitée,* ›Museum des unbegrenzten Wachstums‹, das wie die gewundene Schale einer Schnecke durch stetige Anbauten am ›Mund‹ des Gebäudes beliebig erweiterbar sein sollte. »Die Form der Seeschnecke«, schreibt der Architekturkritiker Niklas Maak, »zieht sich … wie eine untergründige Denkspirale durch sein gesamtes Werk«.

Nicht zuletzt lag die Schneckenhausform Le Corbusiers einflussreichem, erstmals 1948 veröffentlichtem Proportionssystem, dem sogenannten Modulor zugrunde, mit dessen Hilfe Architekten harmonische und menschengerechte Maße für ihre Bauten errechnen können sollten. Auf der linken Seite der berühmten Zeichnung, die Le Corbusier zur Verdeutlichung dieses Systems anfertigte, steht ein Mensch mit ausgestrecktem Arm, er reicht genau 226 Zentimeter hoch – ein Idealmaß, das Le Corbusier für die Bewohner seiner Wohneinheiten annahm. Auf der rechten Seite sieht man eine Folge ineinander verschachtelter Rechtecke, die im Verhältnis des Goldenen Schnitts gegliedert sind und an den Grundriss eines Gebäu-

Das architektonische Maßregelsystem Modulor von Le Corbusier.

des gemahnen. Im Zentrum der Zeichnung aber, sozusagen als Mittler zwischen dem Menschen und der geometrischen Maßleiste, steht suggestiv die sich zum Himmel wölbende Spirale einer Schnecke: Sie soll die kalte Arithmetik der Zahlenreihen mit den Proportionen des menschlichen Körpers versöhnen. »[U]nter meiner gestaltenden Hand«, so Le Corbusier mystisch-verklärend über die Entstehung des Modulors, »verwandelten sich die mathematischen Verhältnisse auf einmal in eine harmonische Spirale, in ein ideales Muschelwerk.« Auch die streng zweckrational anmutende Architektur von Le Corbusiers modernistischen Bauten, so die unterschwellige Botschaft, beruht auf naturgegebenen Proportionen. Die *Unités d'Habitation* sind keine kalten Wohnmaschinen, sondern behagliche Schneckenhäuser.

Die Spuren, die Le Corbusier – und durch ihn die Schnecke – in der modernen Architekturgeschichte hinterlassen hat, sind unübersehbar. Das Guggenheim Museum von Frank Lloyd Wright in New York erinnert mit seinem markant gewundenen Aufgang an die Form der Japanischen Wunderschnecke *Thatcheria mirabilis.* Daniel Libeskinds Entwurf für die Erweiterung des Victoria and Albert Museum in London basiert auf einer schneckenhausförmig gewundenen fallenden Spirale. Das von Ben van Berkel entworfene Mercedes-Benz-Museum in Stuttgart (ausgerechnet diese Feier der Geschwindigkeit und Mobilität!) zeigt mit seinen Rampen und Spiralen deutlich den Einfluss von Le Corbusier und L'Escargot. Und seit seinem Umbau durch Norman Foster wird das Reichstagsgebäude in Berlin von einem Glasgehäuse mit spiralförmiger Rampe gekrönt – wodurch, ganz im Geiste von Grass' *Tagebuch einer Schnecke,* die Langsamkeit der demokratischen Entscheidungen, die darunter getroffen werden, deutlich treffender symbolisiert ist als durch den im Plenarsaal hängenden Adler.

Das »Pathos der vertikalen Expansion«, wie es für die moderne europäische Großstadt typisch war, das zielstrebige Wachstum in die Höhe, wird durch Architekten wie van Berkel also zunehmend gewunden und gebrochen: »Sie setzen der linear vertikalen Organisation des Wolkenkratzers das an einer Spirale entlanggebaute Hochhaus entgegen«, so Maak, »das keine Etagen, sondern nur noch Ebenen, Seitenarme, Verschränkungen kennt.« Daneben äußert sich der Einfluss von Le Corbusier auf die zeitgenössische Architektur aber auch in der zunehmenden Auflösung der Dichotomien von außen und innen, offen und geschlossen, öffentlich und privat. In der klassischen europäischen Bautradition war die Grenze zwischen diesen Bereichen meist klar markiert: durch eine Tür, ein Tor, ein Gitter. Das Schneckenhaus hingegen, mit seinen stetig enger werdenden, labyrinthischen Windungen, verfügt über keine so deutliche Grenze. Es beharrt, so Libeskind, nicht auf dem »Entweder-Oder«. (Wir reden hier, wohlgemerkt, nur von dem *unbewohnten* Haus: Weinbergschnecken etwa versiegeln ihr Gehäuse während der Winterpause mit einem Kalkdeckel; Gartenschnecken können ihren Eingang mit einem trockenen Schleimfilm überziehen; und die Vorderkiemerschnecken tragen am Fuß einen dauerhaften hornartigen Deckel, mit dem sie ihr Gehäuse bei Gefahr verschließen.)

Das Schneckenhaus ist damit vorbildhaft für das zunehmende Verschwinden der Schwelle, wie es für zahlreiche zeitgenössische Architekturen typisch ist. Die Schwelle weicht dem »Schwellenraum« (Laurent Stalder), der allenfalls durch automatische Drehtüren, Warmluftgebläse, Hinweisschilder und andere weiche Grenzen markiert ist. Wenn eine Ameise in ein leeres Weinbergschneckengehäuse krabbelt – wann befindet sie sich dann in seinem Innern? Wenn wir unter die Segeltuchkuppel des Forums auf dem Potsdamer Platz treten – wann befinden wir uns dann ›im‹ Sony Center? Wann genau verlas-

Das Spiralminarett der Großen Moschee von Samarra (um 850).

sen wir den öffentlichen Raum und betreten den privatwirtschaftlich kontrollierten Bereich einer Shopping-Mall? Unsere Stadträume werden epidemisch von Gebäuden besiedelt, die im Hinblick auf ihre weichen Grenzen den Häusern von Schnecken gleichen. Und nicht selten sind ihre Bauherren spätkapitalistische Schleimer.

Das Verschwinden der Schwelle mag als typisches Kennzeichen der modernen Stadtentwicklung gelten – doch der Einfluss der Schneckengehäuse auf die Architektur reicht sehr viel weiter zurück. In der arabischen Welt etwa sollen die schlanken, hochgeschraubten Gehäuse der Turritella-Schnecke als Vorbild für zahlreiche Minarettbauten gedient haben; man denke an das Spiralminarett der Großen Moschee von Samarra im heutigen

Irak. Eine Walzenschnecke inspirierte angeblich Leonardo da Vinci zu seinem Entwurf für das doppelläufige Treppenhaus des Schloss Chambord an der Loire. Und der von Borromini entworfene Turm der Kirche Sant'Ivo alla Sapienza in Rom ist mutmaßlich der Form einer Mitraschnecke nachempfunden (die ihrerseits passenderweise nach der Kopfbedeckung katholischer Würdenträger benannt ist).

Dass die gewundenen Wohnstätten der Bauchfüßer den Wendeltreppen- und Turmbau beeinflusst haben, mag naheliegen. Überraschender ist, dass der schematisierte Grundriss einer Gehäuseschnecke vor fünfhundert Jahren als Modell für einen kompletten Stadtentwurf diente. Mitte des 16. Jahrhunderts machte sich der französische Gelehrte und Künstler Bernard de Palissy – vermutlich unter dem Eindruck des habsburgisch-französischen Gegensatzes und der damit verbundenen Kriegsgefahr – daran, »eine Stadt zu entwerfen, in der man auch in Kriegszeiten sicher leben könne«. Ähnlich wie Le Corbusier vier Jahrhunderte später meinte Palissy, dass man architektonische Idealformen am besten durch eine Nachahmung der Natur erlangen könne. Und wie der Modernist begab sich der Renaissancemensch bei seiner Vorbildsuche an die Gestade des Meeres: Hier fand er Wesen, denen »Gott die Kunstfertigkeit gegeben hat, dass jedes von ihnen ein Haus zu bauen versteht, mit einer solchen Geometrie und Architektur, dass Salomo in all seiner Weisheit nichts Ähnliches zu machen gewusst hätte«.

Die Stadt, die Palissy schließlich (wohl nach dem Modell einer Purpurschneckenart) entwarf, sollte aus einem einzigen Gebäude bestehen: einem endlos langen Reihenhaus, das sich in größer werdenden Spiralen um einen zentralen Platz entwickelt: Hier, im geschützten Zentrum, sollte die Residenz des Gouverneurs stehen. Sämtliche Fenster und Eingänge des Schneckengebäudes sollten nach innen weisen, die äußerste Häuserwand würde mithin zugleich die Wehrmauer der Stadt bilden. Durch die spiralförmig-verwinkelte Form der einzigen in diese Stadt hineinführenden Straße sollte es dem Gegner unmöglich gemacht werden, die Straße der Länge nach mit Geschossen zu bestreichen. Im Verteidigungsfall sollten sich die Bewohner wie ein Weichtier ins Innere der Festungsstadt zurückziehen können; selbst wenn äußere Teile von Feinden eingenommen würden, wäre das lebenswichtige Zentrum, der Sitz der Macht immer noch geschützt. »Du mußt verstehen«, schrieb Palissy, »daß es mehrere Fische mit so spitzen Schnauzen gibt, daß sie die Mehrzahl besagter Muscheln [gemeint sind Meeresschnecken; Anm. d. A.] fressen würden, wenn ihr Haus geradlinig verliefe; aber wenn sie von ihren Feinden an der Tür angegriffen werden, ziehen sie sich in Drehungen zurück, dem Verlauf der Spirallinie folgend, und auf diese Weise können ihre Feinde ihnen nicht schaden.«

Das klingt überzeugend, ist biologisch gesehen aber leider nicht ganz korrekt. Natürlich dienen die Schneckengehäuse dem Schutz vor Fressfeinden sowie, bei Landschnecken, vor Austrocknung und Kälte. Ihre Spiralform verdankt sich aber der Tatsache, dass der Schutzschild auf diese Weise passgenau mit der größer werdenden Schnecke (die ja bereits mit einem Rohbau ihres Hauses, dem sogenannten Protoconch, geboren wird) mitwachsen kann. Das Weichtier kann dadurch ständig nach außen hin anbauen, ohne dass es sich eine Blöße geben

Die Gehäuseform gibt über die Lebens- und Verteidigungsweise Aufschluss. Die Dornen der Stachelschnecken sollen Fressfeinde abschrecken.

Die Bischofsmütze vergräbt sich mit ihrer spitzkegeligen Schale im Sand.

und seine schützende Schale verlassen müsste. Je größer die Schnecke, desto weiter und zahlreicher die Windungen des Gehäuses.

Da die Schnecke ihr Gehäuse in jeder Lebensphase also weitgehend ausfüllt, sind die Rückzugsmöglichkeiten in die Tiefen ihrer Festung eher begrenzt. Tatsächlich fallen Gehäuseschnecken trotz ihres Schutzpanzers immer wieder Fressfeinden zum Opfer – nicht nur Fischen, auch Vögeln, Insekten und anderen Schnecken. Drosseln zum Beispiel packen bevorzugt kleine Bänderschnecken wie Udo, Piepsi&Co. mit dem Schnabel und schlagen sie so lange gegen einen Stein, bis das Gehäuse zertrümmert ist (die Orte, an denen solche Gemetzel stattfinden und die daher von Schalenscherben übersät sind, bezeichnet man kaltherzig als ›Drosselschmiede‹). Die kannibalisch lebenden Mondschnecken weichen mit einem Sekret die Schale ihres Opfers auf, fräsen dann mit der Radula ein Loch ins Gehäuse und stecken schließlich ihren Rüssel durch diesen Bohrschacht, um die andere Schnecke zu verspeisen. Und die ebenfalls wenig auf Klassensolidarität bedachten Knoblauch-Glanzschnecken packen mit ihrem Kriechfuß das Gehäuse, strecken ihren Kopf durch die Mundöffnung und raspeln dann die Bewohnerin bei lebendigem Leib aus der Schale, Spirallinie hin oder her.

Ob diese wunden Punkte Palissys Zeitgenossen bekannt waren, ist nicht überliefert – fest steht, dass sein Entwurf für eine schneckenförmige Festungsstadt nie verwirklicht wurde. Immerhin durfte er 1570/71 die Tuileriengärten verschönern und im Zuge dieser Arbeiten für Katharina von Medici eine

Schmuckgrotte bauen, die ebenfalls einem Schneckenhaus nachempfunden war. Palissys Entwurf ahmte dabei nicht nur den spiralförmigen Grundriss, sondern auch die charakteristische Oberflächenbeschaffenheit eines Schneckengehäuses nach: Nach außen hin bestanden die Mauern aus unbehauenen Felsbrocken; auf der Innenseite waren sie mit einer glatten, glänzenden Emailleschicht überzogen. »Der Mensch will hier eine Muschel bewohnen«, schreibt Gaston Bachelard: »Er will, daß die Innenwand, die sein Dasein beschützt, aus einem Stück sei, poliert, geschlossen, als sollte das empfindliche Fleisch die Mauern seines Hauses berühren.« Anders gesprochen: Es geht (das deutete auch Christian Hosmann an) um die Rückkehr in einen vorgeburtlichen Geborgenheitsraum, einen künstlichen Uterus – ein Organ, von dem man früher bezeichnenderweise annahm, dass es schneckenförmig gewunden sei.

Dieser Vorstellung aus dem »unzerstörbaren Gerümpelmarkt der menschlichen Phantasie« (Bachelard) lässt sich eine gewisse Attraktivität nicht absprechen – sie lässt aber außer Acht, das die Ansprüche von Mollusken und Menschen an ihren Wohnraum doch sehr unterschiedlich sind. Nicht alles, was für den geschmeidigen Körper eines alleinstehenden Weichtiers gut ist, ist auch für ein mit Kleidern, Schamempfindungen und anderem zivilisatorischen Ballast ausgestattetes Wirbeltier billig. So ist nicht bekannt, dass Katharina von Medici sich jemals nackt mit ihrem empfindlichen Fleisch an die Innenwände ihrer Embryonalgrotte in den Tuileriengärten geschmiegt hätte. Und auch andere naturmimetische Architekturen haben mit profanen praktischen Problemen zu kämpfen: Die Bewohner von Javier Senosiains Casa Nautilus müssen weitestgehend auf

Qual der Wahl? Zwei mittelamerikanische Bänderschnecken zwischen einem Dutzend leerstehender Häuser.

Mobiliar verzichten, da die Wände ihres Polyurethanschaumschneckenhauses so konsequent gewunden sind, dass kein Schrank oder anderes quadratisches Möbelstück sich sinnvoll aufstellen lässt.

Vielleicht zeigt sich hier am deutlichsten, dass zwischen den Häusern der Schnecken und denen ihrer menschlichen Nachahmer ein ontologischer Unterschied besteht, der alle Sehnsüchte, durch den Einzug in ein spiralförmig gebautes Haus in eine wie auch immer geartete Form von Naturzustand zurückkehren zu können, wenn nicht abwegig, so doch philosophisch fragwürdig erscheinen lässt. Die Schneckenschale ist nämlich nichts, was sich von ihrer Bewohnerin *trennen* ließe. Sie beherbergt den Eingeweidesack mit Lunge, Leber, Herz und anderen lebenswichtigen Organen, der über einen dünnen Hals mit dem sichtbaren Fuß der Schnecke verbunden ist. Das Haus ist somit ein integraler Teil des Tieres selbst, sein »ausgesondertes Ich« (Maak). Oder wie es die Protagonistin des Märchens *Die Schnecke und der Rosenstock* von Hans Christian Andersen so wunderbar tiefgründig formuliert, bevor sie sich in ihr Gehäuse zurückzieht: »Ich gehe in mich selbst hinein.«

Im Mittelalter wurde die Liaison zwischen Schnecke und Haus oft mit dem Verhältnis von Seele und Körper verglichen: »Und wie der Körper bewegungslos wird, wenn die Seele von ihm getrennt ist«, schreibt der Symbolologe Louis Charbonneau-Lassay, »ebenso ... wird das Gehäuse [der Schnecke] unfähig sich zu bewegen, wenn es von dem Teil, der es belebt, getrennt ist.« Es ist daher eigentlich auch höchst ungenau, von der Schneckenschale als einem ›Haus‹ zu sprechen und von der Schnecke als dessen ›Bewohnerin‹ (ein Begriff, der nahelegt, dass sie nach Belieben wieder ausziehen könnte). Die Formulierung, dass eine Schnecke ihre Schale baut, ist ebenso abwegig wie die Aussage, dass ein Mensch seine Fingernägel baut oder eine Katze ihr Fell. Das Schneckenhaus ist, in den Worten des Dichters Paul Valéry, nichts »Gemachtes«, sondern etwas »Gelebtes«: »[N]ichts könnte unserem gegliederten, in seinem Ziel vorbestimmten und als Ursache wirkenden Handeln entgegengesetzter sein.«

Womöglich eignet sich das Schneckenhaus mithin weniger als Vorbild für zielgerichtet vorgehende Architekten, sondern eher als Inspirationsquelle für Künstler, die, zumindest in der romantischen Klischeevorstellung, ihr Werk ja ebenfalls ›aus sich selbst hervorbringen‹, es aus ihrem Innersten herausschwitzen wie der Mollusk seine Schale. So wie die Schnecke Kalk absondert, produziert der Künstler seine Kunst: Sie entspringt seinem Leben und Erleben, ist untrennbar mit ihm verbunden; und wenn sie gelungen ist, weist sie womöglich dieselbe innige Verbindung zwischen Form und Inhalt auf, die den Schalenweichtieren so provozierend mühelos gelingt. »Vielleicht ist das, was wir *Vollkommenheit* in der Kunst nennen«, schreibt Valéry, »nichts anderes als das Gefühl, in einem menschlichen Werk jene Sicherheit der Ausführung, jene Notwendigkeit inneren Ursprungs und jene ... unlösliche Verbundenheit zwischen Gestalt und Stoff ersehnt oder gefunden zu haben, welche uns die geringste Muschel vor Augen führt?«

Wenn aber ein Autor, Maler, Musiker sein Werk so natürlichnotwendig absondert wie eine Schnecke ihren Bauschleim, aus den Poren, dem Körper, dem Rückenmark – dann stellt sich

Wer hat das nur gemacht? Prachtvolle Gehäuse aus der Familie der Bulimulidae.

recht unbequem die Frage nach der Urheberschaft. *»Wer hat das nur gemacht?«,* fragt Valéry sich verwundert angesichts eines Schneckenhauses. *Wer hat das nur gemacht?,* frage auch ich mich manchmal angesichts eines Texts, den ich in Händen halte und drehe wie eine Schale, die man am Strand gefunden hat. Hat tatsächlich die Person ihn geschrieben, deren Name auf dem Umschlag steht? Oder war es der Diskurs, der Zeitgeist, das kollektive Unbewusste, die Muse?

Schreibe ich selbst gerade das vorliegende Buch? Oder schwitze ich es nur aus, baue ich beharrlich einen Panzer aus Buchstaben? Ist dieser Text also meine Schale, mein Gehäuse? Ein Stein, den ich wie einen Felsbrocken vor den Ausgang meiner Schreibhöhle wälze, um dahinter meine Ruhe zu haben?

Über solch verschraubten Gedanken ist es spät geworden. Ich muss den nächsten Zug Richtung Norden erwischen, und Christian Hosmann muss zurück zu seiner Familie. Er packt das Modell seines Schneckentraumhauses in die Umhängetasche; das Balsaholzgebilde sieht zerbrechlich aus, ist aber erstaunlich stabil. Ich bedanke mich bei Herrn Hosmann, dass er sich Zeit genommen hat, zumal an einem Feiertag ... und erst in diesem Moment fällt mir auf, wie passend dieser Tag für unser Gespräch gewesen ist, gerade im Hinblick auf das Kirchenjahr. Es ist Karfreitag. Und Ostern ist nicht nur das Fest von Christi Tod und Auferstehung.

Es ist auch das Fest der Schnecke.

Finale

Tod und Verklärung

Rückwärtsgang. Rücknahme des oben Gesagten. Bitte um Vergessen und Vergebung. Bei all ihrer expliziten Sexualität und überbordenden Fruchtbarkeit sind Schnecken geradezu ideale Familienhaustiere. Sie sind schön. Sie sind pflegeleicht. Sie bellen, miauen, piepsen nicht. Sie haben keine Krallen, mit denen sie das Sofa zerkratzen, und keine nassen Pfoten, mit denen sie den Teppich versauen können. Ihr Anblick ist beruhigender als der eines Tausendliteraquariums voll tropischer Zierfische. Und wenn es an der Zeit ist, ziehen sie sich behutsam in ihr Gehäuse zurück und sterben.

Das mag zynisch klingen – aber wer schon einmal um einen Hund getrauert hat oder seinem Kind erklären musste, weshalb die Miezekatze so starren Blicks in der Ecke liegt, wird die Vorzüge eines diskreten Sterbeverhaltens bei Haustieren zu schätzen wissen. Kein erkalteter Körper. Keine schlapp herabhängenden Fühler. Keine im Rigor mortis gefletschten Raspelzähne – nur ein kleiner, mit dekorativen Spiralen verzierter Grabstein. Fast könnte man meinen, er wäre noch bewohnt.

Und vielleicht ist er das ja auch. Ist die Schnecke überhaupt schon tot? Schläft sie nur? Lebt sie noch?

Ist sie womöglich unsterblich?

Tatsächlich galt die Schnecke nicht nur als Symbol so schwer vereinbarer Eigenschaften wie der Trägheit, der Eitelkeit, der

Zeichen der Vergänglichkeit, aber auch neuen Lebens: Stillleben mit Schnecken von Balthasar van der Ast (um 1635).

Wollust und der unbefleckten Empfängnis, sondern immer wieder auch als Zeichen der Auferstehung. Der Gedanke wurde angeblich erstmals von dem Delphischen Orakel formuliert und Anfang des dritten Jahrhunderts vom Kirchenvater Tertullian für das Christentum adaptiert. Die Vorstellung, dass die Schnecke wiedergeboren wird, verdankt sich dabei vor allem der Tatsache, dass viele Lungenschneckenarten sich im Winter in ihr Gehäuse zurückziehen, dieses mit einer kalkhaltigen Platte, dem sogenannten Epiphragma, verschließen – nur um im Frühjahr, just zur Auferstehungszeit, diesen Deckel wieder zu sprengen und zurück ans Licht zu kommen wie ehedem Christus aus dem österlichen Grab.

Besondere Bedeutung wurde der Tatsache beigemessen, dass der kalendarische Winter *drei* Monate lang ist – und der Gekreuzigte drei Tage in der Kälte des Grabs ausharrte, bevor er in den Himmel auffuhr. In Wirklichkeit kann die Winterruhe der Gastropoden, je nach Region und Klima, allerdings deutlich länger dauern: Als ich Mitte Oktober den Goller'schen Schneckengarten auf der notorisch kalten Schwäbischen Alb besuchte, hatten sich die meisten Tiere nach einem ersten Nachtfrost bereits in ihr Interimsgrab zurückgezogen. In diesen Ruhephasen verlangsamen die Schnecken ihren Puls auf wenige Schläge pro Minute; bei lang anhaltenden Kälte- oder auch Dürreperioden können manche Arten sogar mehrere Jahre in diesem Zustand verbringen. Kein Wunder, dass die Menschen früher glaubten, sie wären tot – und entsprechend überrascht waren, wenn sie mit einem Mal wieder zum Leben erwachten.

Wegen ihrer Symbolkraft als Auferstehungstiere waren Schnecken bis in die karolingische Zeit eine beliebte Grabbeigabe; und auch in der christlichen Kunst haben sie ihre Spuren hinterlassen: In der evangelischen Stadtkirche St. Sebald in Nürnberg zum Beispiel ruht das Grabmal des Namenspatrons und Stadtheiligen auf zwölf steinernen Schneckenskulpturen. Auf dem sogenannten Angst-Altar, ebenfalls aus Nürnberg, sehen wir neben den Füßen des auferstandenen Christus zwei Schnecken kriechen (das Gehäuse einer dritten ist, wie das dahinter liegende Grab, bereits leer). Und auf dem Sassenberger Altar – er befindet sich heute im Westfälischen Landesmuseum in Münster – sitzt neben dem Kopf des gegeißelten Heilands, in Höhe seines Glorienscheins, eine Hain-Bänderschnecke als

Unsterbliche Schönheit. Versteinerte Schnecken aus der Jurazeit,
die Mitte des 19. Jahrhunderts in der Gegend von Genf entdeckt wurden.

Zeichen der Überwindung des Todes. In all diesen Darstellungen stehen die Schnecken in bemerkenswerter Analogie zum christlichen Erlöser: Wie er schleppen sie ihr Schicksal, ihr Kreuz, ihren Grabstein ergeben auf dem Rücken mit sich herum. Und: Wie für Jesus Christus stellt der Rückzug ins Gehäuse für sie nicht das Ende, sondern einen neuen Anfang dar.

Oder ähneln die Schnecken womöglich nicht der zweiten Person der Trinität, sondern Gottvater höchstpersönlich? Betrachten wir noch einmal das Gemälde *Die Verkündigung* von Francesco del Cossa. Bemerkenswerterweise ist die darauf abgebildete Schnecke genauso groß wie der Schöpfer oben links im Himmel. Und nicht nur das: Die beiden haben auch exakt dieselbe Form; das Schneckenhaus entspricht dem Haupt Gottes, der Schneckenkopf mit den Fühlern spiegelt Seine ausgestreckte Hand wider. Zieht man zudem eine Diagonale durch die segnende Hand des Verkündigungsengels (als dem zentralen Blickpunkt des Gemäldes), so sind die beiden Figuren symmetrisch miteinander verbunden. Als vollzöge das Geziefer auf Erden, was Gott vom Himmel aus bewirkt.

Eine zentrale Frage, die mittelalterliche Theologen immer wieder beschäftigte, war, weshalb sich Gott mit der Heilsgeschichte so viel Zeit lässt: Wenn er in seiner Allwissenheit doch genau weiß, dass seit dem Sündenfall Leid, Tod und Mühsal auf Erden herrschen und eine stetig zunehmende Anzahl von Seelen in der Vorhölle schmoren – warum schickt er den Erlöser dann nicht früher? Warum lässt er die Menschheit so lange warten, bevor er Jesus Christus Fleisch werden, sterben, in das Reich des Todes hinabsteigen und die dort gefangenen unschuldigen Seelen befreien lässt? Das Gemälde von Francesco del Cossa, mutmaßt Daniel Arasse, könnte die Andeutung einer Antwort liefern: »Die Schnecke könnte ein hervorragendes Medium sein, um uns … an die Gemächlichkeit zu erinnern, mit der Gott vorging, bevor er auf so erstaunliche Weise Mensch wurde.« Mit anderen Worten: Gott handelt so langsam wie eine Schnecke. Und im Umkehrschluss: Die Langsamkeit der Schnecke ist göttlich.

Die Philosophen der Aufklärung gaben sich zwar alle Mühe, solchem Irrglauben den Garaus zu machen und den Menschen aus dem Schneckenhaus seiner selbstverschuldeten Unmündigkeit herauszuführen. Doch selbst Voltaire musste feststellen, dass Schnecken wenn nicht göttlich oder unsterblich, so doch zumindest wundersam überlebenswillig sind.

Im Frühjahr 1768 führte der *philosophe des Lumières* eine Reihe von Amputationsexperimenten durch, in deren Verlauf er zwanzig goldbraunen Nacktschnecken und einem Dutzend Gehäuseschnecken, die Lieblingsexekutionsmethode der Französischen Revolution vorwegnehmend, die Köpfe abtrennte. Acht weiteren schnitt er lediglich den vorderen Teil des Kopfs und das untere Fühlerpaar ab. Das Ziel von Voltaires Versuchen: Er wollte überprüfen, ob die Köpfe wieder nachwachsen. *Et voilà:* »Nach fünfzehn Tagen wuchs bei zweien meiner Nacktschnecken der Kopf allmählich wieder nach; sie fraßen bereits und ihre vier Fühler begannen zu sprießen«, schreibt er in einem Brief an den italienischen Forscher und Vorkämpfer auf dem Gebiet der Schneckenkopfamputation, Lazzaro Spallanzani. »Nur die Hälfte meiner Schnecken ist eingegangen. Sie kriechen, sie klettern die Wand hinauf, sie recken den

Hals, aber sie zeigen keinerlei Anzeichen für ein Nachwachsen des Kopfes, außer bei einer.«

Zwar wertet Voltaire die Tatsache, dass Schnecken auch ohne Kopf prächtig weiterleben können, als Beleg dafür, dass sie (wie Menschen und andere Tiere) keine Seele haben: »Da erkläre mir mal einer, ... wie die Seele im Tier bleibt, wenn die vier Fühler des Kopfes abgetrennt werden.« Doch muss auch er gestehen, dass es sich bei dem unverdrossenen Weiterleben der Schnecken, vor allem aber der teilweisen Neubildung ihrer Köpfe, um ein kaum erklärliches Mirakel handelt: »Die Natur ist außer sich vor Wut, seit ich die Schnecken enthauptete und sah, wie diese Köpfe nachgewachsen sind. Seit dem heiligen Dionysius ward etwas derart Wunderbares nicht mehr gesehen.« Der Legende zufolge soll der Märtyrer Dionysius nach seiner Enthauptung den Kopf vom Boden aufgehoben haben und mit dem Haupt in der Hand bis zu jener Stelle gegangen sein, wo er begraben werden wollte.

In der Tat, ein Wunder: Selbst der erbitterte Antikleriker und Bibelkritiker Voltaire konnte sich nicht von den christlichen Assoziationen lösen, die die Schnecken wie eine Aureole umschweben.

Fest steht, dass Schnecken immer wieder ihr Leben lassen mussten (und müssen), um die Menschheit von ihrem Leid zu erlösen. Dass sie einem Heiligen oder gar dem Heiland gleichen, mag umstritten sein – dass sie heilend wirken, darüber besteht weitgehender Konsens.

Die Verwendungsmöglichkeiten, die Plinius der Ältere für *cocleae,* ihren Schleim und ihre Gehäuse kannte, sind schier unerschöpflich. Gegen Kopfschmerzen empfahl er, »die abgeschnittenen Köpfe von Schnecken« zu zerreiben und auf die Stirn zu streichen. Bei »Verdunkelung der Augen« solle man die Tiere lebendig verbrennen und »ihre Asche mit kretischem Honig als Salbe« auftragen. Die feinen Körner, die man in Schneckenhörnern findet, seien das wirksamste Mittel gegen Zahnschmerzen, die Asche leerer Schneckenhäuser sei gesund für das Zahnfleisch, und bei Nasenbluten solle man sich »die aus ihrem Gehäuse herausgezogenen Schnecken« in die wunden Nüstern stecken. Plinius' Rezepte beschränken sich dabei nicht auf die äußere Anwendung: Bei Husten, Schnupfen, Ohnmacht, Wahnsinn, Schwindel, Kurzatmigkeit, Blutspeien, Milzschmerzen, Menstruationsbeschwerden, Eiterbeulen und anderen Gebrechen empfahl er, die Schnecken manchmal bei lebendigem Leib, meist aber gekocht oder geröstet und mit Rosenwein oder Fischbrühe verfeinert zu verzehren. Bei Magenbeschwerden sei zu beachten, dass die Schnecken »in ungerader Zahl eingenommen werden« – was darauf hinweist, dass neben medizinischer Erfahrung auch ein gerüttelt Maß an magischem Denken mit im Spiel war.

In der mittelalterlichen und frühneuzeitlichen Volksmedizin erfreuten sich molluskenbasierte Heilmittel weiterhin großer Beliebtheit: Noch in Zedlers *Universal-Lexicon* aus dem 18. Jahrhundert finden sich viele von Plinius' Rezepten beinahe unverändert wieder. Erst mit dem Niedergang der Viersäftelehre und dem zunehmenden Einfluss der universitären Medizin nahm die therapeutische Bedeutung der Schnecken allmählich ab: »Übrigens macht man aus diesen Tieren in manchen Gegenden ein ausgezeichnetes Hustenmittel«, spottete Hermann

Löns, »indem man sie mit Zucker bestreut und den auf diese einfache Art gewonnenen Sirup Kranken einflößt, worauf diese aus Angst, noch mehr davon ausstehen zu müssen, sich sofort das Husten verkneifen.«

Die Rezepte zur inneren Anwendung sind inzwischen fast vollständig verschwunden – äußerlich werden Schnecken und ihr Schleim aber immer noch zu therapeutischen Zwecken eingesetzt. Bei Warzenbefall gilt es weiterhin als probates Hausmittel, eine Schnecke (am besten bei Vollmond) über die betroffene Stelle kriechen zu lassen. Schneckencremes wie die spanische *Baba de Caracol* sollen neben Warzen auch Akne heilen, Schwangerschaftsstreifen verschwinden lassen, der Faltenbildung vorbeugen, Narben entfernen und die Haut von Sonnenflecken reinigen. Und in dem Tokioter Edelschönheitssalon Ci:z.Labo können Gutbetuchte sich lebendige Schnecken aufs Gesicht applizieren lassen: Die Therapietiere knabbern angeblich tote Hautzellen weg, reinigen die Poren, spenden Feuchtigkeit und Kühle und wirken mit ihrem Proteine, Antioxidantien und Hyaluronsäure enthaltenden Schleim als natürliche Anti-Aging-Agenten. Eine fünfminütige Sitzung kostet zehntausend Yen, umgerechnet etwa siebzig Euro.

Den mit Abstand größten therapeutischen Wert messen dem Schneckenschleim allerdings die ostafrikanischen Chagga, eine Ackerbau treibende Volksgruppe aus dem heutigen Tansania, zu. Eine ihrer Legenden berichtet von einer gigantischen Schnecke, die Tote zum Leben erwecken konnte. Sie kroch dazu über den Leichnam und schleimte ihn ein.

Als die Chagga der wundersamen Wirkung des Schnecken-

Abbildung aus den Smithfield Decretals, *einer 1234 erschienenen Sammlung päpstlicher Dekretalen und Briefe. Die grotesken Illustrationen wurden etwa 40 Jahre später hinzugefügt.*

sekrets gewahr wurden, brachten sie regelmäßig ihre Toten in den Wald, um sie von dem dort lebenden Riesenmollusk reanimieren zu lassen. Der Häuptling eines verfeindeten Stammes wunderte sich daraufhin, warum seine Gegner einfach nicht weniger wurden; wie sie immer wieder in unverminderter Zahl in den Kampf ziehen konnten. Eine wankelmütige Chagga-Frau verriet ihm das Geheimnis der unendlichen Wiederkehr, und der Häuptling schickte seine Krieger los, um die Erlöserschnecke zu töten: Sie durchbohrten das Weichtier mit Speeren.

Seitdem ist die Unsterblichkeit ausgestorben. Schließlich kann eine Schnecke nicht über ihren eigenen Körper kriechen und sich selbst einschleimen. Schon gar nicht, wenn sie bereits tot ist.

Gegen den Tod ist keine Schnecke gewachsen – dem Tod ist keine Schnecke gewachsen. Bei guter Pflege können größere Arten wie die Weinbergschnecke um die zwanzig Jahre alt werden. In freier Wildbahn erreichen sie, selbst wenn sie keinem Fressfeind, gierigen Sammler oder giftigen Schneckenkorn zum Opfer fallen, höchstens die Hälfte dieses Alters. Und kleinere Arten wie die Schwarzmündige Bänderschnecke sterben sogar noch früher: Je winziger das Tier, desto geringer die Lebenserwartung. Was bleibt von ihnen übrig, abgesehen von ihrer prächtigen Schale? Was hinterlassen sie uns? Was können sie uns lehren?

Intensität des Empfindens. Ich tröste mich mit dem Gedanken, dass Schnecken gerade aufgrund ihrer Langsamkeit ein besonders intensives Leben haben. Dass sie, weil und indem sie sich so gemächlich fortbewegen, die ihnen zur Verfügung stehende Zeit genüsslich dehnen.

I always liked it slow
I never liked it fast
With you it's got to go
With me it's got to last,

wie Leonard Cohen in einer späten (und angemessen gelassenen) Hymne auf die Schneckenhaftigkeit, einem Lied namens *Slow,* singt. Nur Narren rennen, so schnell sie können, auf das Grab zu – wer langsam geht oder gar kriecht, kostet jeden Augenblick und Zentimeter seines Daseins voll aus. Er schmeckt jede zarte Faser eines Salatblatts, er schnuppert an jedem dezent angefaulten Apfel, er spürt jeder noch so unscheinbaren Unebenheit des Bodens nach. Und im Zweifelsfall bleibt er einfach ein paar Stunden, Tage oder auch Jahre auf derselben Stelle sitzen.

Tiefe des Denkens. Ist es Zufall, dass das einzige Tier mit Universitätsabschluss in der Zeichentrickserie *Biene Maja,* Dr. Heinrich, eine Schnecke ist? Eine rhetorische Frage, natürlich: Wer sich so bedächtig bewegt wie ein Bauchfüßer, der denkt über jeden Schritt, den er unternimmt, sorgfältig nach. »Welche Majestät in einer kriechenden Schnecke, welche Ueberlegung, welcher Ernst«, jubelte schon der Naturphilosoph Lorenz Oken: »Gewiß eine Schnecke ist ein erhabenes Symbol des tief im Innern schlummernden Geistes.« Tatsächlich verbringen Schalenweichtiere ein Gutteil des Jahres im wahrsten Sinne des Wortes ›in sich gekehrt‹: in ihr Gehäuse, ihr ausgelagertes Ich versunken. Sie sind ganz bei sich. Was aber nicht bedeutet, dass sie zerebral nicht aktiv wären: Noch einen Monat, nachdem sie in Winter- oder Trockenstarre verfallen sind, vibrieren ihre Nervenbahnen weiter. Schnecken denken langsam, aber gewaltig.

Stillhalten. Zudem verkörpern Schnecken mit ihrer kalkhaltigen Schale auf vorbildliche Weise, was der Autor Holm Friebe als »Stein-Strategie« bezeichnet hat: »Zwar wird der bedächtig Abwartende niemals Lob und Lorbeeren für seine heroische Kühnheit ernten … Aber er wird katastrophale Fehlentscheidungen vermeiden, nicht mit fliegenden Fahnen in sein Verderben rennen und im Zweifel länger am Leben bleiben.« Anders gesagt: Bisweilen kann es für das eigene Fortkommen das Beste sein, sich nicht vom Fleck zu bewegen. Oder sich erst dann zu bewegen, wenn die klimatischen Bedingungen günstig, das angestrebte Ziel greifbar nah und die Feinde allem Ermessen

Varietät als Überlebensstrategie – oder eine Fantasterei der Natur?

nach fern sind. Mit dem Philosophen Giorgio Agamben könnte man auch sagen: Schnecken sind »totipotent«, zu allem fähig. Indem sie entschlossen sitzen bleiben, halten sie sich alle Möglichkeiten offen. Der evolutionäre Erfolg gibt ihnen recht.

Eine Spur. Und wenn sie sich schließlich doch in Bewegung setzen, hinterlassen sie eine Schleimspur. Ist das nicht, wonach auch wir Menschen uns sehnen? Ist das nicht der Grund, weshalb wir Bücher schreiben, Bilder malen, Lieder komponieren, Statusmeldungen posten: um bauchfüßergleich einen Abdruck zu hinterlassen, ein Zeichen unseres Daseins? Was wir uns mühevoll mit Blut, Schweiß und Tinte abpressen, das schaffen die Schnecken nebenbei im Kriechen. Mit jeder Bewegung schreiben sie an der Geschichte ihres Lebens. Allenthalben hinterlassen sie ihre schwer zu entziffernden Botschaften, ihre schillernde Schrift. Wer schleimt, der bleibt. Und wer weiß: Vielleicht erlangen die Schnecken dadurch ja doch eine Art von Unsterblichkeit.

Zumindest, bis der nächste Regen kommt und ihre Spuren verwischt.

Auslaufen
Über den Berg

An einem regnerischen Augusttag des Jahres 1989 bestieg ich zum ersten Mal den Schneck. Ich war gerade von einem längeren Auslandsaufenthalt zurückgekommen und hatte Sehnsucht nach Vertrautem, Geborgenheit, nach ›Heimat‹ – ein Begriff, den ich seit jeher mit Höhenluft und Kalkstein verbinde. Außerdem wollte ich in der Einsamkeit der Alpen für eine Prüfung lernen – doch der Lockruf des Schnecks war stärker. Zusammen mit meinem Vater und einem Schulfreund machte ich mich auf den Weg.

Oytal, Käseralpe, Himmelecksattel: Die Normalroute auf den Gipfel ist alpinistisch nicht besonders anspruchsvoll, aber da es regnete, war außer uns niemand unterwegs. Der grasbewachsene Kalkrücken des Gipfelgrats war feucht. Das Edelweiß, das in dieser Ecke des Allgäus noch zahlreich zu finden ist, fing mit seinen wolligen Blütenblättern den Tau auf. Dazwischen war immer wieder der schwarze Körper eines Alpensalamanders zu sehen.

Und, natürlich: Schnecken. Schnecken, die über den Rücken des Schneck krochen. Die über den Rücken des Schneck krochen, der auf dem Talboden sitzt, der auf einer Kontinentalplatte treibt, die sich auf einem Planeten befindet, der mit einer Geschwindigkeit von über hunderttausend Kilometern pro Stunde durch das All fliegt.

Hui.

Portraits

»Solche Betrachtung derer Schnecken ist gar vielen Schwierigkeiten unterworfen«, seufzte der Pfarrer und Weichtierforscher Friedrich Christian Lesser. »Denn es liegen so mancherley Schnecken in dem Meere (der Fluß- und Erd-Schnecken nicht zu gedencken) daß es der Natur leichter gewesen, sie zu verfertigen, als es uns ist, sie zu benennen.« Seit dem Erscheinen von Lessers *Testaceo-Theologia* (›Schalentiertheologie‹) sind zweieinhalb Jahrhunderte vergangen, aber der Befund hat weiterhin Gültigkeit: Die Schnecken, wissenschaftlicher Name Gastropoda, sind die artenreichste Klasse im Stamm der Weichtiere. Um die 105 000 verschiedene Spezies sind bekannt, und es werden immer wieder neue entdeckt oder als eigenständige Arten identifiziert. Die Betrachtung wird dadurch nicht einfacher, dass für ein und dieselbe Spezies oft mehrere Namen gebräuchlich sind und die systematische Einteilung in ständiger Bewegung begriffen ist. Bei der traditionellen Systematik war das dominante Kriterium die Beschaffenheit und Lage der Atemorgane: Die Gastropoda wurden entsprechend in Vorderkiemerschnecken, Hinterkiemerschnecken und Lungenschnecken eingeteilt. Zwischenzeitlich war eine Unterteilung in Gekreuztnervige und Geradnervige Schnecken in Gebrauch. Seit einigen Jahren erfolgt die Klassifikation meist nach phylogenetischen Beziehungen. Wie auch immer man sie einteilt: Gemein ist den Schnecken, dass sie über einen schleimbedeckten Weichkörper mit Kriechsohle sowie in der Regel abgesetztem Kopf verfügen und dass ihre inneren Organe unsymmetrisch angeordnet sind. Bei etwa neunzig Prozent liegen diese in einem um 180 Grad gedrehten und mit einer Kalkschale geschützten Eingeweidesack auf dem Rücken; das Verschwinden des Gehäuses ist stammesgeschichtlich eine späte Errungenschaft. Die vorliegenden Portraits stellen notgedrungen eine subjektive Auswahl dar, die nur eine Ahnung von der Mannigfaltigkeit der Schnecken vermitteln kann. Das Hauptaugenmerk liegt auf Spezies, die kulturgeschichtlich bedeutsam gewesen sind. Daneben kriechen vertraute heimische Schnecken sowie einige biologisch besonders faszinierende Arten.

Weinbergschnecke
Helix pomatia

Burgundy snail
Escargot de Bourgogne

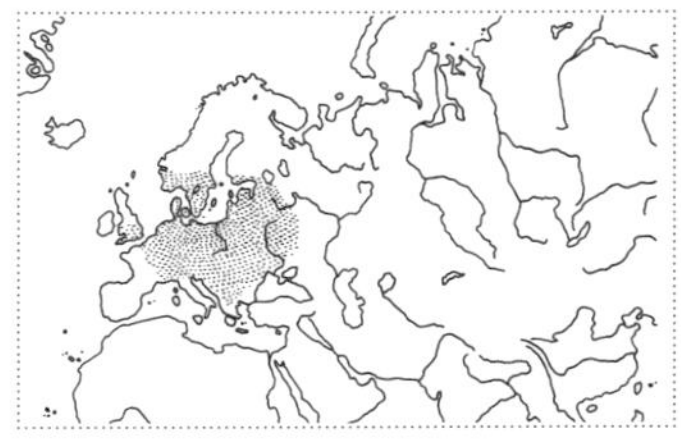

Die größte europäische Landgehäuseschnecke. Ihr Körper kann bis zu zehn Zentimeter lang werden, der Durchmesser ihres Gehäuses bis zu fünf Zentimeter betragen. Benötigt zum Schalenbau kalkreiche Böden und ist bevorzugt in lichten Wäldern, halbschattigem Strauchland und natürlich in Weinbergen zuhause. Bei Hitze kann sie die Runzeln auf ihrer Epidermis vertiefen, um der Verdunstung des darin verlaufenden Wassers vorzubeugen. Bei anhaltender Trockenheit sowie im Winter verschließt sie ihr Gehäuse mit einem kalkhaltigen Deckel, dem Epiphragma. Wegen ihrer Größe und ihres Geschmacks wird sie seit Jahrtausenden gezüchtet und verzehrt. In dem Märchen *Die glückliche Familie* von Hans Christian Andersen haben die Weinbergschnecken diese Tatsache so verinnerlicht, dass sie das eigene Gegessenwerden sogar als sehnlichstes Ziel ihres Daseins betrachten: »Wie es übrigens war, gekocht zu werden und auf einer silbernen Schüssel zu liegen, konnten sie sich nicht denken, aber schön sollte es sein und überaus vornehm.« Tatsächlich denken Schnecken wohl eher über die eigene Nahrungsaufnahme nach: Etwa die Hälfte ihrer neuronalen Tätigkeit ist dem Betasten und Beschnuppern möglicher Speisen gewidmet. Um den Bestand zu erhalten, ist das Sammeln von *Helix pomatia* im schneckenaffinen Süddeutschland schon seit den Siebzigerjahren (etwa durch die baden-württembergische Weinbergschneckenverordnung) gesetzlich geregelt. Inzwischen gehört die Spezies gemäß Bundesartenschutzverordnung zu den besonders geschützten Weichtieren.

1:1

Herkuleskeule
Bolinus brandaris

Purple dye-murex
Murex épineux

Im Mittelmeer beheimatete Meeresschneckenart. Gibt zur Verteidigung sowie zum Beutefang ein Sekret ab, das bei Kontakt mit Sauerstoff einen intensiv blau-violetten Ton annimmt und traditionell zum Färben von Stoffen verwendet wird. Herkuleskeulen wurden daher, zusammen mit den Stumpfen Stachelschnecken (*Hexaplex trunculus,* Abb. unten), früher als *purpurae,* ›Purpurschnecken‹, bezeichnet. Wie Plinius der Ältere berichtet, wurden sie mit lebenden Muscheln geködert: »Diese Muscheln … suchen die Purpurschnecken und greifen sie mit vorgestreckter Zunge an. Jene aber, durch den Stachel gereizt, schließen sich und zerquetschen das, was sie angreift. So werden die durch ihre Gier festhängenden Purpurschnecken herausgezogen.« Den Schnecken wurde anschließend die Ader mit dem Purpursekret entfernt, Salz und Wasser hinzugefügt, der so entstandene Brei mit Dampf erhitzt und die festen Teile abgeschöpft, bis man nach zehn Tagen eine klare Färbelösung erhielt. Um ein Gramm reinen Purpurs herzustellen, mussten etwa 10 000 Schnecken ihr Leben lassen. Da dieser Prozess zeitaufwendig und teuer war, galten mit diesem Sekret gefärbte Stoffe als Symbol des Reichtums und der Macht: Die ägyptische Königin Kleopatra ließ angeblich die Segel ihres Schiffs mit dem Pigment färben. Und um die Anmaßung Jesu, er sei der ›König der Juden‹, zu verhöhnen, legten ihm die römischen Soldaten einen Purpurmantel um. Noch heute ist natürlich hergestelltes Purpur eine der teuersten Substanzen: Das Gramm kostet um die 2 000 Euro. Kokain ist ein Billigprodukt dagegen.

1:1

Spanische Wegschnecke
Arion vulgaris / lusitanicus

Spanish slug

Limace Espagnole

Der Schrecken aller Gärtner. Verdankt ihren Namen der geläufigen Meinung, dass sie von der Iberischen Halbinsel eingeschleppt worden sei. Tatsächlich fanden Forscher der Universität Frankfurt am Main, als sie 2010 eine Bestandsaufnahme durchführten, in Spanien kein einziges Exemplar – vermutlich ist die ›Spanische‹ Schnecke also in Mitteleuropa heimisch. Fest steht, dass sie inzwischen die häufigste Schneckenart in Deutschland darstellt: Aufgrund ihres bitteren Schleims wird sie von Igeln, Amphibien und Vögeln gemieden, Hitze und Trockenheit verträgt sie besser als andere Nacktschneckenarten. Seit den Siebzigerjahren hat sie daher den einstigen heimischen Topschädling, die Rote Wegschnecke, weitgehend verdrängt. Obwohl die Spanische Wegschnecke dermaßen verbreitet ist, dass man ihr kein Denkmal zu setzen braucht, hat der Autor Georg Klein sie literarisch verewigt: In *Die Tücke des Gärtners* beschreibt er zunächst seine bevorzugte Bekämpfungsmethode (Zerschneiden der Leiber mit einer Haushaltsschere), dann seine Erkenntnis der Individualität dieser Tiere – und schließlich die schrecklichen Folgen, die ihn, den Schneckenmörder, erwarten könnten: »Die Gastropoden, die so gerne hauchdünne Rosenblätter naschen, sind auch tüchtige Aasverwerter. Und zweifellos hätte ich wegen all der Schnecken, die ich bereits getötet habe und noch töten werde, verdient, dass sich im Jenseits jede einzelne auf ihre Weise, mit genüsslich langsam schabender Raspelzunge, an meiner individuellen sterblichen Hülle gütlich tut.«

1:1

Kaurischnecke
Cypraea moneta

Money cowry

Cauri

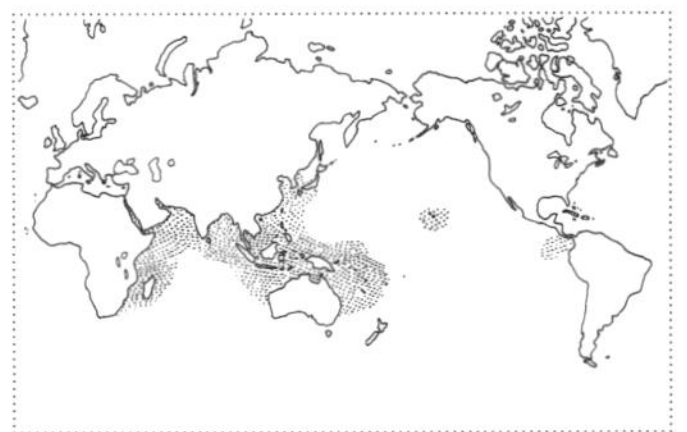

Wer schon einmal Schneckenhäuser sammelnd am Strand entlanggeschlendert ist, kennt vermutlich den Impuls: immer mehr hübsche Gehäuse zu raffen, gerade so, als handelte es sich nicht bloß um Weichtierschalen, sondern um von unsichtbarer Hand im Sand verstreutes Geld. Die porzellanartigen, dickwandigen Gehäuse der im Indopazifik beheimateten Kaurischnecke waren schon um 1500 v. Chr. in China als Zahlungsmittel gebräuchlich: Sie sind schön, stabil, weitgehend fälschungssicher, gut zählbar und, zumindest in kleineren Mengen, leicht zu transportieren. Im 11. Jahrhundert brachten arabische Händler das Kaurigeld nach Afrika, mit der Ausweitung des Sklavenhandels und der Entdeckung des Seewegs von Europa nach Indien traten auch die europäischen Kolonialmächte in den Schneckengeldkreislauf ein: 1690 kostete ein Sklave in Guinea um die 8 000 Kauri; als Henry Morton Stanley zweihundert Jahre später Afrika durchquerte, zahlte er für seine Träger sechs Kauri pro Tag. Kein anderes Zahlungsmittel war über so viele Kulturräume verbreitet und konnte sich so lange behaupten: In den deutschen Kolonien waren Kauris noch Anfang des 20. Jahrhunderts im Umlauf, in Nigeria wurden bis in die Achtzigerjahre kleinere Beträge mit Schneckengeld bezahlt. In symbolischer Form lebt die Art bis heute im Geldwesen fort: Der Name der ghanaischen Währung ›Cedi‹ ist von dem Akan-Wort für Kauri abgeleitet. Und die Scheine der maledivischen Rufiyaa tragen in der linken unteren Ecke das Abbild einer *Cypraea moneta*.

2 : 1

Zahnlose Schließmundschnecke
Balea perversa

Tree snail / Wall snail
Clausilie rugueuse

In Mittel- und Westeuropa heimische Landschnecke; in Deutschland vom Aussterben bedroht. Verfügt über ein ausnehmend hohes, spitzkegeliges Gehäuse mit bis zu neun Windungen, außerdem über einen permanenten Deckel aus Kalk, das sogenannte Clausilium, das über einen elastischen Stiel mit der Spindel des Gehäuses verbunden ist und mit dem sie bei Gefahr ihren Mund verschließen kann; daher der deutsche Familienname. Schließmundschnecken sind eilebendgebärend: Die Jungschnecken schlüpfen also im Mutterleib oder kurz nach der Eiablage. Sie befruchten sich außerdem am liebsten selbst, auch wenn andere Partner zur Verfügung stünden. Ihren lateinischen Beinamen *perversa* verdanken sie aber nicht dieser Vorliebe zur Autogamie, sondern der seltenen – linksdrehenden – Windungsrichtung ihrer Gehäuse. »Fast alle Schnecken, nur etwa drei Arten ausgenommen, haben ihre Drehung ... von der Linken gegen die Rechte«, meinte schon Immanuel Kant: Tatsächlich sind die allermeisten Schneckenarten rechtsdrehend, ihre Windungen verlaufen also von oben betrachtet im Uhrzeigersinn. Wenn einzelne Exemplare, etwa bei den Weinbergschnecken, aufgrund eines genetischen Defekts von dieser dominanten Drehrichtung abweichen, spricht man von einem ›Schneckenkönig‹: Das Stigma wird also zum Charisma umgedeutet, der Makel wird zum Alleinstellungsmerkmal. Wendet sich allerdings, wie im Fall der Zahnlosen Schließmundschnecke, die gesamte Art gegen den Mainstream, so schimpft man sie verdreht: *pervers*.

9 : 1

Violette Fadenschnecke
Flabellina affinis

Pink flabellina
Flabelline mauve

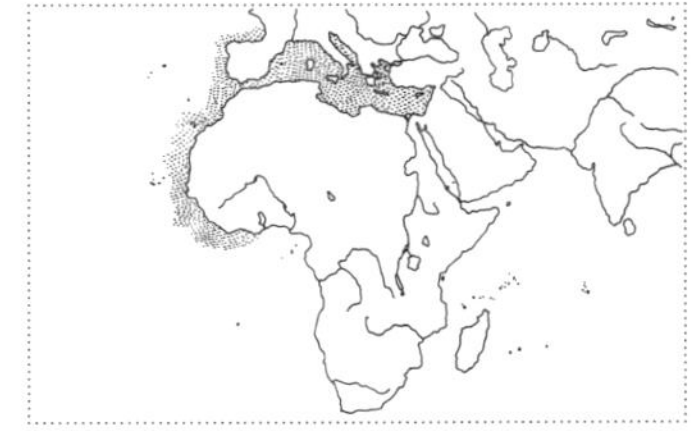

Marin lebende Nacktschnecke, die im gesamten Mittelmeer sowie im südlichen Ostatlantik heimisch ist und bis zu fünf Zentimeter groß werden kann. Mit ihrem oberen Fühlerpaar, den sogenannten Rhinophoren, kann sie Geschmacksstoffe, Pheromone sowie die Strömungsrichtung des Wassers wahrnehmen. Ihre fadenförmigen, symmetrisch angeordneten Rückenanhänge erinnern an eine Seeanemone. Die anmutige Färbung und flokatiteppichartige Form können aber nicht darüber hinwegtäuschen, dass es sich bei der Violetten Fadenschnecke um eine giftige Räuberin handelt: Sie lebt bevorzugt in der Gesellschaft von Nesseltieren und beißt ihnen im Polypenstadium die Köpfe ab. Das Besondere: Die in den Köpfchen enthaltenen Nesselgiftkapseln, die den Polypen eigentlich der Verteidigung dienen sollen, können der Schnecke nichts anhaben. Möglicherweise schützt sie sich während des Essens durch eine spezielle Schleimabsonderung davor, dass sie als artfremd erkannt wird und die Nesselkapseln sich entladen. Nach dem Verzehr wandern die Kapseln unverdaut durch den Darm, werden in den Rückenfäden gespeichert und über die Rückenanhangtaschen ausgesondert: Die Schnecke nutzt also das Gift ihrer Opfer, um sich selbst gegen Fressfeinde zu verteidigen. Selten wurde das berühmte philosophische Diktum, »was uns nicht umbringt, macht uns stärker«, einleuchtender und anmutiger illustriert. Die Violette Fadenschnecke ist die Nietzscheanerin unter den Weichtieren.

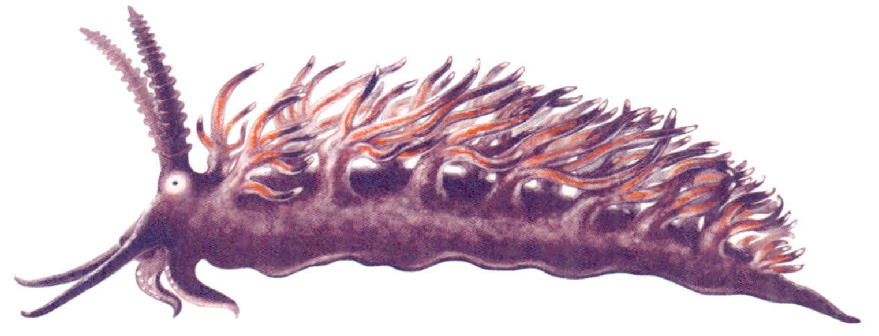

2:1

Tritonshorn
Charonia tritonis

Triton's trumpet

Triton géant

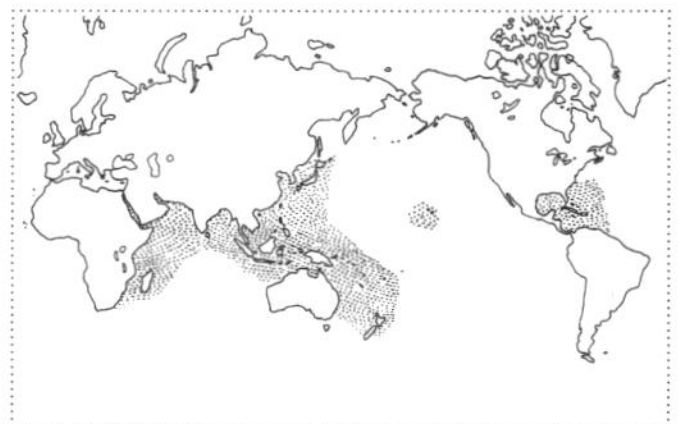

Große Meeresschnecke, die bevorzugt Korallenriffe im Indopazifik, im südlichen Japan und in Australasien besiedelt und sich von anderen Weichtieren und Seeigeln ernährt. Ihr Gehäuse endet in einem auffallend spitzen Gewinde und wird bis zu vierzig Zentimeter hoch; wenn man den Apex entfernt, kann es als Blasinstrument verwendet werden. Schneckentrompeten waren schon im Altertum bekannt, für den Jazzmusiker Steve Turre stellen sie den »Ursprung der Posaune« dar. Im Hinduismus und in der tibetischen Ritualmusik sind sie bis heute gebräuchlich. Ihren Namen verdankt die Art dem Meeresgott Triton, Sohn des Poseidon, der eine solche Naturposaune nutzt, um das ihm unterstellte Element zu bändigen: »[D]ie Schulter bedeckt mit angewachsenen Muscheln«, heißt es in den *Metamorphosen* über Poseidon, »[r]uft er den bläulichen Triton heran; und die Schneckendrommete / Heißt er ihn füllen mit Hauch, und zurück durch lautes Geschmetter / Brandungen rufen und Ström'.« Auch sonst ist die Klasse der Gastropoden auf bemerkenswerte Weise mit der Musik verbunden: Geigen, Bratschen und Celli haben oberhalb des Wirbelkopfs in der Regel eine spiralförmige Verzierung, die als Schnecke bezeichnet wird. Und ohne den gleichnamigen Bereich des Innenohrs, der das Rezeptorfeld zur Hörwahrnehmung beherbergt, könnten wir keine Musik wahrnehmen. Tragische Ironie: Schnecken selbst können weder den Ruf des Tritonshorns noch andere Geräusche hören. Sie sind taub.

1:4

Große Achatschnecke
Achatina fulica

Giant African land snail
Escargot géant africain

Der Name ist Programm: Das Gehäuse der Großen Achatschnecke kann über zwanzig Zentimeter lang werden, in ausgewachsenem Zustand bringt sie bis zu einem Pfund auf die Waage; sie wird daher auch als Afrikanische Riesenschnecke bezeichnet. Aufgrund ihrer beträchtlichen Fleischleistung stellt die ursprünglich aus Ostafrika und Madagaskar stammende Art ein beliebtes Nahrungsmittel dar: 1803 ließ der Gouverneur von La Réunion ein paar Exemplare importieren, damit eine Freundin nicht auf ihre Schneckensuppe verzichten musste. Inzwischen sind die Riesenschnecken im gesamten pazifischen Raum, in weiten Teilen Asiens sowie in Nord- und Südamerika zuhause. Teils wurden sie bewusst als Zuchttier angesiedelt; teils konnten sie sich als blinde Passagiere über Militär- und Handelsrouten verbreiten. Da Große Achatschnecken in der Lage sind, das Sperma eines Partners bis zu zwei Jahre im Körper zu speichern, können selbst Einzelexemplare eine Population begründen. Sie ernähren sich ausschließlich herbivor, haben aber einen ausnehmend breitgefächerten Geschmack: Junge *Achatina fulica* bevorzugen Bananen, Bohnen und Ringelblumen; ausgewachsene Exemplare fressen außerdem Auberginen, Blumenkohl, Kürbis, Papaya, Okra, Erbsen und Gurken. Die Art gehört laut der Global Invasive Species Database zu den hundert schlimmsten biologischen Invasoren weltweit. Der Versuch, ihrer Ausbreitung mit Methoden der biologischen Schädlingsbekämpfung Herr zu werden, führte zur unkontrollierten Ausbreitung der Rosigen Wolfsschnecke.

1:3

Rosige Wolfsschnecke
Euglandina rosea

Rosy wolfsnail / Cannibal snail
Escargot carnivore de Floride

Landschnecke aus der Familie der Raubschnecken, die sich bevorzugt von kleineren Gehäuseschneckenarten ernährt. Ursprünglich im tropischen Nordamerika beheimatet, konnte sich die Rosige Wolfsschnecke mithilfe des Menschen mittlerweile im gesamten Pazifikraum verbreiten: 1977 wurde sie zur Bekämpfung der Großen Achatschnecke auf den Gesellschaftsinseln ausgesetzt – mit verheerenden Folgen für das lokale Ökosystem: Die Wolfsschnecke verschmähte die ihr zugedachten Arten und vernichtete stattdessen zahlreiche andere seltene Schneckenarten, auf der Insel Moorea etwa die aufgrund ihrer Formenvielfalt berühmten und von Evolutionsbiologen als Studienobjekt geschätzten Polynesischen Baumschnecken. Setzt man vier Partula-Schnecken und eine Rosige Wolfsschnecke zusammen, so ist nach 24 Stunden nichts mehr von den Partuliden übrig. »In meinem persönlichen Pantheon der gehaßten und gefürchteten Tiere rangiert keine Kreatur höher als *Euglandina,* die ›Killer‹- oder ›Kannibalen‹-Schnecke aus Florida«, klagte der amerikanische Evolutionsbiologe Stephen Jay Gould. Dessen ungeachtet wurde die Rosige Wolfsschnecke mittlerweile auch auf Tahiti, den Seychellen, Mauritius, Hawaii und den Bahamas angesiedelt und bedroht nun die dortige Fauna.

1:1,5

Struppiger Chiton
Acanthopleura granulata

West Indian fuzzy chiton

Chiton crépu

Käferschnecke, kann bis zu sieben Zentimeter lang werden. Die Schale besteht aus acht überlappenden Teilen, die gegeneinander beweglich sind und durch einen muskulösen Gürtel zusammengehalten werden. Dies gibt den Schnecken ein assel- oder eben käferartiges Aussehen. Der Struppige Chiton verdankt seinen Namen den groben Stacheln auf seinem Gürtel. Er lebt in den Gezeitenzonen von Südflorida und den Antillen; aufgrund seines steinähnlichen, oftmals korrodierten Panzers ist er allerdings nur schwer vom felsigen Untergrund zu unterscheiden. Eine biologische Einmaligkeit stellen seine in den Rückenpanzer eingebetteten Augen dar: Sie bestehen aus kristallinem Kalziumkarbonat und bilden somit eine Art steinerner Linse über den darunter liegenden Lichtsinneszellen. Wähnt sich der Struppige Chiton in Sicherheit, hebt er den Gürtel vom Untergrund ab, um besser atmen und Beutetiere fangen zu können. Sieht er einen potenziellen Fressfeind, presst er sich blitzschnell auf den Boden. Wie Forscher von der Universität Sussex herausgefunden haben, kann der Chiton seine mineralischen Augenlinsen sogar unterschiedlich fokussieren, je nachdem, ob sich der Feind im Wasser oder darüber befindet. Eine weitere Besonderheit: Käferschnecken existieren schon seit 500 Millionen Jahren – ihre Augen entwickelten sie aber erst vor circa 25 Millionen Jahren, vermutlich um sich an evolutionsgeschichtlich später entstandene Fressfeinde anzupassen. Gut Ding will eben Weile haben.

1,5 : 1

Schwarzmündige Bänderschnecke
Cepaea nemoralis

Brown-lipped banded snail
Escargot des bois

Eine der verbreitetsten heimischen Gehäuseschneckenarten und zugleich eine der schönsten. Mundöffnung und Nabel sind meist dunkelbraun, doch der Rest der Schale schimmert in zahllosen Farben und Mustern: Manche Gehäuse sind zitronengelb, manche rosa, viele sind monochrom, andere von bis zu fünf spiralförmig gewundenen Bändern überzogen. Keine andere einheimische Art ist so variantenreich – und keine wirft so eindringlich die Frage nach der Funktion biologischer Vielfalt und Schönheit auf: Hat der Farb-Polymorphismus einen evolutionären Mehrwert – oder »phantasiert die Natur hier nur vor sich hin«, wie der Biologe Bernhard Kegel formuliert? Anders gefragt: Sind die prächtigen Schalen ein Werkzeug zum Überleben – oder sind sie Kunst? Vieles spricht dafür, dass der Variantenreichtum der Erhaltung der Art dient: Gelbliche Exemplare sind im Grasland getarnt, bunt gebänderte in blühenden Büschen, braune im welken Herbstlaub. Andererseits gibt es zahllose andere Schneckenarten, die aufwendig gemusterte Gehäuse tragen, obwohl kein Fressfeind sie je zu Gesicht bekommt: Meeresschnecken etwa, die in so großer Tiefe leben, dass kein Licht zu ihnen vordringt. Oder Kaurischnecken, deren Schale weitgehend vom Weichkörper bedeckt ist. Vielleicht ist Evolution also doch nicht alles. Vielleicht hatte Immanuel Kant recht, als er mutmaßte, dass »die unsern Augen so wohlgefällige … Mannigfaltigkeit und harmonische Zusammensetzung der Farben … gänzlich auf äußere Beschauung abgezweckt zu sein scheinen«.

2:1

Literatur-verzeichnis

Giorgio Agamben: »Idee der Kindheit«. In: *Idee der Prosa,* Frankfurt am Main 2003.

Hans Christian Andersen: »Die glückliche Familie« und »Die Schnecke und der Rosenstock«. In: *Märchen,* Weinheim 2012.

Daniel Arasse: »Le regard de l'escargot«. In: *On n'y voit rien. Descriptions,* Paris 2003.

Aristoteles: ***Historia Animalium.*** Cambridge, MA und London 1993.

Aurelius Augustinus: ***Vom Gottesstaat.*** München 1978.

Gaston Bachelard: ***Poetik des Raumes.*** Frankfurt am Main 1987.

Elisabeth Tova Bailey: ***Das Geräusch einer Schnecke beim Essen.*** Zürich 2012.

Eva Bärlösius: ***Soziologie des Essens. Eine sozial- und kulturwissenschaftliche Einführung in die Ernährungsforschung.*** Weinheim und München 1999.

Die Bibel. Nach der Übersetzung Martin Luthers, Stuttgart 1999.

Pierre Bourdieu: ***Die feinen Unterschiede. Kritik der gesellschaftlichen Urteilskraft.*** Frankfurt am Main 1984.

Stanley Peter Dance: ***Muscheln und Schnecken.*** Ravensburg 1994.

Sigrid und Lothar Dittrich: ***Lexikon der Tiersymbole. Tiere als Sinnbilder in der Malerei des 14.–17. Jahrhunderts.*** Petersberg 2004.

Holm Friebe: ***Die Stein-Strategie. Von der Kunst, nicht zu handeln.*** München 2013.

Wilhelm Gerloff: ***Die Entstehung des Geldes und die Anfänge des Geldwesens.*** Frankfurt am Main 1940.

Günter Grass: ***Aus dem Tagebuch einer Schnecke.*** Göttingen 1993.

Marvin Harris: ***Wohlgeschmack und Widerwillen. Die Rätsel der Nahrungstabus.*** Stuttgart 1991.

Patricia Highsmith: »Der Schneckenforscher« und **»Auf der Suche nach Soundso Claveringi«.** In: *Der Schneckenforscher. Stories,* Zürich 2003.

Swetlana Hildebrandt: »Vergeschlechtlichte Tiere«. In: *Human-Animal Studies. Über die gesellschaftliche Natur von Mensch-Tier-Verhältnissen.* Herausgegeben vom Arbeitskreis Chimaira, Bielefeld 2011.

Gunther Hirschfelder: ***Europäische Esskultur. Eine Geschichte der Ernährung von der Steinzeit bis heute.*** Frankfurt und New York 2001.

Immanuel Kant: ***Kritik der Urteilskraft.*** Frankfurt am Main 1995.

Ders.: »Von dem ersten Grunde des Unterschiedes der Gegenden im Raume«. In: *Kant's gesammelte Schriften,* 29 Bände. Band II, Berlin 1905.

Bernhard Kegel: ***Die Ameise als Tramp. Von biologischen Invasionen.*** Zürich 1999.

Michael P. Kerney, R. A. D. Cameron und J. H. Jungbluth: ***Die Landschnecken Nord- und Mitteleuropas.*** Hamburg und Berlin 1983.

Rudolf Kilias: ***Lexikon Marine Muscheln und Schnecken.*** Stuttgart 1997.

Ders.: ***Weinbergschnecken. Ein Überblick über ihre Biologie und wirtschaftliche Bedeutung.*** Berlin 1960.

Georg Klein: »Die Tücke des Gärtners. Über das Töten niederer Tiere«. In: *Schund & Segen. Siebenundsiebzig abverlangte Texte.* Reinbek bei Hamburg 2013.

Martin Kunzler: ***Jazz-Lexikon.*** Reinbek bei Hamburg 2002.

Friedrich Christian Lesser: ***Testaceo-Theologia, Oder: Gruendlicher Beweis des Daseyns und der vollkommnesten Eigenschaften eines goettlichen Wesens, Aus natuerlicher und geistlicher Betrachtung Der Schnecken und Muscheln.*** Leipzig 1744.

Hermann Löns: »Ein ekliges Tier«. In: *Sämtliche Werke in acht Bänden,* 6. Band, Leipzig 1924.

Niklas Maak: ***Der Architekt am Strand. Le Corbusier und das Geheimnis der Seeschnecke.*** München 2010.

Winfried Menninghaus: ***Ekel. Theorie und Geschichte einer starken Empfindung.*** Frankfurt am Main 1999.

John E. Morton und Charles M. Yonge: »Classification and Structure of Mollusca«. In: *Physiology of Mollusca.* Herausgegeben von Karl M. Wilbur und C. M. Yonge, New York und London 1964.

The Mythology of All Races, 13 Bände. Herausgegeben von Louis Herbert Gray u. a., New York 1964.

Lorenz Oken: ***Lehrbuch der Naturphilosophie.*** Zürich 1843, Nachdruck Hildesheim, Zürich und New York 1991.

Ovid: ***Metamorphosen.*** Übertragen von Johann Heinrich Voß, Frankfurt am Main 1990.

C. Plinius Secundus d. Ä.: ***Naturkunde,*** 38 Bücher. Buch IX: Zoologie. Wassertiere und Buch XXIX: Medizin und Pharmakologie. Heilmittel aus dem Tierreich. Herausgegeben und übersetzt von Roderich König in Zusammenarbeit mit Gerhard Winkler, München 1973–2004.

Marietta Rohner: »Purpur. Kaiserlicher Farbstoff aus Schneckensekret«. In: *Farbpigmente, Farbstoffe, Farbgeschichten.* Herausgegeben von Claudia Cattaneo u. a., Winterthur 2011.

Hartmut Rosa: ***Beschleunigung und Entfremdung. Entwurf einer Kritischen Theorie spätmoderner Zeitlichkeit.*** Berlin 2013.

Johannes Schneider: ***Die Weinbergschnecke, ihre Mast und Verwertung.*** Leipzig 1932.

Laurent Stalder: »Präliminarien zu einer Theorie der Schwelle«. In: *ARCH+ Zeitschrift für Architektur und Städtebau,* März 2009.

Hermann Streich: ***Die Schneckenzucht.*** Heilbronn 1903.

Paul Valéry: »Der Mensch und die Muschel«. In: *Werke in sieben Bänden,* Band 4: Zur Philosophie und Wissenschaft. Herausgegeben von Jürgen Schmidt-Radefeld, Frankfurt am Main 1989–95.

Peter Williams: ***Snail.*** London 2009.

Nicolas Witkowski: ***Voltaire und die kopflosen Schnecken. Geschichten aus der Wissenschaft.*** München und Zürich 2005.

Dank

Für ihre Gesprächsbereitschaft und Freundlichkeit, für fachkundigen Rat und Literaturhinweise danke ich: Rita und Walter Goller, Jeannick und Didier Bonis, Christian Hosmann, Neil Riseborough. Für genaue Lektüre und Korrekturen: Svenja Flaßpöhler, Tobias Goldfarb, Friedemann Holder, Erik Wegerhoff. Fürs Schneckensammeln: Ada. Für die Reisebegleitung: Nereide. Für die Inspiration: Annabel, Hegel, Piepsi, Udo und Dodo.

Abbildungs-verzeichnis

Seite 71 *Kaurischnecken.* Brehms Tierleben, Band 10, Leipzig und Wien 1893.

Seite 73 *Helix pomatia.* George Shaw: The naturalists miscellany, London 1789.

Seite 76/77 *Tafel III, XXI.* Die Land- und Süsswasser-Mollusken von Java, Zürich 1849.

Seite 80 *Neptun und Amphitrite.* Jacob de Gheyn II.

Seite 83 Ursula Andress als Honey Ryder in *007 jagt Dr. No.* Foto © Silver Screen Collection / Getty Images.

Seite 86 *Nautilus.* Vergnügen der Augen und des Gemüths, Nuremberg 1757.

Seite 89 *Steve Turré in Paris.* Lioneldecoster, 1976.

Seite 92 *Modulor.* Le Corbusier, 1942–1955. © FLC / VG Bild-Kunst, Bonn 2015.

Seite 95 *Das spiralförmige Minarett der Großen Moschee von Samarra.* Ernst Herzfeld, 1911–1913 Foto © bpk / Museum für Islamische Kunst, SMB / Ernst Herzfeld.

Seite 98/99 *Stachelschnecken, Bischofsmützen.* Lovell Reeve: Conchologia systematica, Vol. II, London und New York 1841.

Seite 102 *Helix.* Études sur les mollusques terrestres et fluviatales du Mexique et du Guatemala, Paris 1870–1902.

Seite 105 *Bulimus.* Novitates conchologicae, Cassel 1854–79.

Seite 108 *Stillleben mit Blumen, Muscheln und Insekten.* Balthasar van der Ast, ca. 1635.

Seite 110 *Fossile Schnecken.* Description des mollusques fossiles qui se trouvent dans les grès verts des environs de Genève, Genève, 1847–53.

Seite 116 *Monster snail attacking knight.* Smithfield Decretals.

Seite 119 *Tafel XXII.* Proceedings of the Zoological Society of London, Vol. 5, London 1848–60.

Seiten 125–145 Illustrationen von Falk Nordmann, Berlin 2015.

Florian Werner, 1971 geboren, ist promovierter Literaturwissenschaftler, schreibt erzählende Sachbücher und Prosa und arbeitet für den Hörfunk. Sein Buch *Die Kuh. Leben, Werk und Wirkung* (2009) wurde von der Zeitschrift *Bild der Wissenschaft* zum ›Wissenschaftsbuch des Jahres‹ gewählt.

NATURKUNDEN № 20
Zweite Auflage Berlin 2021

NATURKUNDEN
herausgegeben von Judith Schalansky
erscheinen bei Matthes & Seitz Berlin
ermöglicht durch Jan Szlovak, Hamburg

MSB Matthes & Seitz Berlin Verlagsgesellschaft mbH
Göhrener Straße 7, 10437 Berlin
info@matthes-seitz-berlin.de
info@naturkunden.de

EINBAND UND TYPOGRAFIE Pauline Altmann, Berlin
nach einem Entwurf von Judith Schalansky
TITELILLUSTRATION Pauline Altmann, Berlin;
nach einer Helix pomatia aus: H. A. Cuppy, *Beauties and Wonders of Land and Sea,* Springfield, Ohio 1895
SCHRIFT Ingeborg von Michael Hochleitner/Typejockeys
LITHOGRAFIE Tomas Mrazauskas, Berlin
HERSTELLUNG Hermann Zanier, Berlin
PAPIER 100 g/m² Fly 04 hochweiß, 1,2 faches Volumen
EINBANDMATERIAL Napura® Khepera von Winter & Company GmbH, Lörrach
DRUCK UND BINDUNG Pustet, Regensburg

ISBN 978-3-95757-164-9

www.naturkunden.de
www.matthes-seitz-berlin.de